LA
TÉLÉGRAPHIE
HISTORIQUE

TYPOGRAPHIE FIRMIN-DIDOT ET Cᵗᵉ. — MESNIL (EURE).

Tour de l'Hôtel de l'Administration des Télégraphes, à Paris.

Original en couleur

NF Z 43-120-8

LA
TÉLÉGRAPHIE
HISTORIQUE

DEPUIS LES TEMPS LES PLUS RECULÉS JUSQU'A NOS JOURS

PAR

ALEXIS BELLOC

ANCIEN INSPECTEUR DU CONTRÔLE DE L'ADMINISTRATION DES POSTES ET DES TÉLÉGRAPHES
CHEVALIER DE LA LÉGION D'HONNEUR, OFFICIER D'ACADÉMIE

——◦◦◦◦◦◦——

OUVRAGE ILLUSTRÉ DE 76 GRAVURES

DEUXIÈME ÉDITION

PARIS
LIBRAIRIE DE FIRMIN-DIDOT ET Cⁱᵉ
IMPRIMEURS DE L'INSTITUT, RUE JACOB, 56
1894

PRÉFACE

Aux premiers âges du monde, la société ne comprend encore que des familles, et sur cette terre d'Asie, berceau de l'humanité, l'homme mène la vie pastorale et contemplative exempte de besoins.

Plus tard, comme l'a dit Victor Hugo, la famille devient tribu, la tribu devient nation, et ainsi se constituent les royaumes, qui, peu à peu, se gênent, se froissent et se heurtent.

La guerre est née, et, avec elle, la nécessité de transmettre promptement au loin les ordres du commandement et les nouvelles importantes.

Cette nécessité donne naissance aux premiers courriers et ensuite à la télégraphie primitive qui n'est encore que « l'art des signaux ». Les étendards, les feux allumés sur les montagnes, tels furent les procédés rudimentaires mis en usage par les peuples de l'antiquité et que perfectionnèrent ensuite les Grecs, les Carthaginois et les Romains.

Nos ancêtres, les Gaulois et les Francs, usèrent égale-

ment de ces mêmes procédés, et pendant la longue nuit
féodale, on apercevait encore, au milieu des ténèbres, des
feux allumés au sommet des forteresses qui s'étaient élevées
sur tous les points de la patrie française menacés par les
invasions des Normands et des Sarrasins.

Le danger passé, il n'est guère plus question de signaux
par le feu, et cependant les chercheurs du moyen âge
n'en poursuivent pas moins la solution du problème si
complexe de la transmission rapide de la pensée.

Pendant les quatorzième et quinzième siècles, les idées
de sorcellerie, très en honneur dans la société française toujours à la poursuite du merveilleux, font dévier les recherches, qui plus tard se continuent sans succès dans des
directions différentes jusqu'à la fin du dix-huitième siècle.

A ce moment, une lueur éblouissante s'élève du côté de
l'Occident et projette ses rayons bienfaisants sur l'Europe
étonnée. C'est le génie de la Révolution française éclairant
le monde! Cette grande et sublime épopée se déroule au
milieu des effroyables tourmentes engendrées par la guerre
civile et la guerre étrangère, et c'est pendant ces terribles convulsions que la télégraphie prend naissance.

Au plus fort de l'invasion, alors que nos places du Nord
étaient au pouvoir de l'ennemi, que des forces écrasantes
s'apprêtaient à démembrer la France, que la patrie était
déclarée en danger, la Convention adopta avec enthousiasme la proposition de Claude Chappe, qui, au moyen

du télégraphe aérien, lui offrait la possibilité d'avoir en quelques instants des nouvelles de nos armées.

Ainsi naquit la télégraphie aérienne, cette invention véritablement française, qui, après avoir eu la Révolution pour berceau, eut encore la double bonne fortune d'être inaugurée par l'annonce d'une victoire, la reprise du Quesnoy sur les Autrichiens, et de terminer brillamment devant Sébastopol sa glorieuse carrière.

Militaire dans son principe, ou plutôt dans ses premières applications, la télégraphie conserva ce même caractère jusqu'à la chute du premier Empire, pour devenir ensuite, sous les deux Restaurations et pendant tout le règne de Louis-Philippe, un instrument politique, à l'usage exclusif de l'État.

Mais après un demi-siècle d'existence qui ne fut pas sans gloire, l'invention de Chappe, soumise, comme toutes les institutions humaines, à la loi inéluctable du progrès, dut disparaître à son tour, devant un agent nouveau, d'une puissance véritablement merveilleuse et incomparable : nous avons nommé l'électricité.

L'application de l'électricité à la télégraphie constitue l'une des plus surprenantes découvertes du dix-neuvième siècle. Cette nouvelle conquête de la science, dont l'Angleterre vient de fêter tout récemment le glorieux cinquantenaire, a été surtout remarquable par ses conséquences économiques.

La télégraphie électrique n'est plus, comme sa devancière, un instrument politique. Elle appartient à tous. Sa rapidité tient du prodige. Elle franchit les continents et les mers elles-mêmes, et son immense réseau qui ne cesse de s'accroître, apparaît partout comme un symbole d'union et de fraternité parmi les hommes, comme une sorte d'élargissement de la patrie! Grande est sa mission! Comme la poste, la télégraphie électrique a le rare privilège de n'être connue que par ses bienfaits. Le développement prodigieux qu'elle prend de jour en jour est là pour attester sa raison d'être et sa puissante vitalité.

Mais ce n'est pas tout encore.

L'électricité ne se borne plus à transporter instantanément la pensée d'une extrémité à l'autre de l'univers. Elle transmet aujourd'hui directement d'homme à homme les modulations de la musique et de la parole articulée.

. Telles sont les merveilles réalisées pendant ce siècle par le génie humain, qui semble avoir pris pour devise : « *Excelsior!* Toujours plus haut! »

Le but de ce livre découle des lignes qui précèdent.

Nous avons voulu étudier l'institution de la télégraphie depuis les temps les plus reculés jusqu'à nos jours, montrer les efforts tentés à toutes les époques pour arriver à transmettre rapidement la pensée au loin, mettre en lumière les services rendus par la télégraphie aérienne et indiquer, avec preuves à l'appui, l'usage qu'en ont fait les divers gouvernements depuis la Convention jusqu'à Louis-Philippe, esquisser enfin les progrès successifs de la télégraphie électrique et ses multiples applications.

C'est, en un mot, l'histoire de l'institution elle-même, et non celle de ses procédés, que nous nous sommes proposé de tracer à grands traits. Nous n'avons donc pas cherché à grossir le nombre des traités spéciaux et didactiques qui ont été publiés sur la matière. Le champ que nous avions à parcourir était, du reste, assez vaste, même en nous bornant au simple rôle d'historien.

Et maintenant, nous livrons ces quelques pages au lecteur, avec l'espoir qu'elles lui permettront de se rendre compte des curieuses transformations qu'a subies la télégraphie depuis l'origine jusqu'à nos jours.

Puisse ce livre avoir de nombreux imitateurs, car nous serions heureux que d'autres écrivains eussent également la pensée d'écrire à leur tour, la monographie de toutes les grandes institutions, qui comme la poste et la télégraphie, occupent une place importante dans l'État et dans la vie sociale.

Nota. — La faveur que cet ouvrage a rencontrée auprès du public nous a encouragé à en publier une nouvelle édition relatant les modifications les plus récentes introduites dans le service télégraphique français.

Alexis Belloc.

Paris, le 1er mai 1894.

LA TÉLÉGRAPHIE
HISTORIQUE

AVANT-PROPOS

LA TÉLÉGRAPHIE DANS L'ANTIQUITÉ.

LES ÉTENDARDS ET LES SIGNAUX PAR LE FEU.

Égypte. — Inde. — Perse. — Grèce. — Carthage. — Rome. — Byzance.

Sous le ciel si pur de l'Orient, les fleurs variées à l'infini paraissent avoir été les premiers interprètes de la pensée. Attachant à chacune d'elles l'expression d'une idée, d'un sentiment, l'imagination si active des peuples orientaux parvint à constituer ainsi un langage primitif à la fois poétique et mystérieux, dont la tradition s'est conservée jusqu'à nous. Ce langage muet, quelque ingénieux qu'il fût, pouvait, il est vrai, remplacer dans une certaine mesure la parole articulée, mais il était incapable de franchir les distances.

Pour transmettre la pensée au loin, il fallut recourir à des procédés spéciaux.

Des coureurs à pied échelonnés de distance en distance, ou des

cavaliers trouvant sur certains points de leur route des chevaux
de rechange, telle fut l'idée première de *la poste*.

La rapidité des courriers fut elle-même reconnue insuffisante,
et dans un but d'attaque ou de défense, les peuples anciens durent
rechercher de nouveaux moyens pour envoyer plus promptement
encore des avis d'un point à un autre. Les plus usités de ces
systèmes furent les étendards et les signaux par le feu qui consti-
tuèrent la *télégraphie primitive*.

ÉTENDARDS. — Dans son numéro du 31 mars 1883, le journal
l'*Electrical Review* a publié le compte rendu d'une intéressante
conférence de M. l'alderman W.-H. Bailey qui donne sur l'emploi des étendards dans l'antiquité, les renseignements les plus
curieux.

D'après M. Bailey, les Égyptiens s'en servaient pour désigner
le rang des principaux dignitaires, et plusieurs de leurs étendards
ont été retrouvés soit enfouis dans les ruines de leurs temples,
soit reproduits parmi les sculptures de leurs monuments.

En Grèce, les Athéniens avaient un hibou sur leurs bannières,
les Thébains une salamandre.

A l'aide des emblèmes et de signaux compris des soldats, les
porte-étendards pouvaient commander la marche en avant ou la
retraite et diriger d'autres manœuvres importantes. Cette science
des emblèmes, connue des Grecs, des Romains et même des
Égyptiens, est parvenue jusqu'à nous et a donné naissance à la
science héraldique. C'est cet héritage des races antiques qui permit aux barons et aux chevaliers du moyen âge de couvrir leurs
cottes d'armes d'armoiries conservées de nos jours, par les représentants d'anciennes familles qui s'enorgueillissent d'une descen-
dance illustre. L'emblème était parfois soigneusement étudié;
d'autres fois, le symbole naissait d'un incident inattendu; il

était arboré en signe de ralliement et on l'adoptait ensuite afin de rappeler l'attachement éprouvé pour un objet qui s'identifiait avec un souvenir patriotique. « Quelle autre origine, ajoute M. Bailey,

Fig. 1. — Signaux en Grèce.

pourrait-on attribuer au tablier de forgeron, qui, jusqu'à la conquête mahométane, fut, chez les Persans, l'étendard sacré autour duquel se réunissait le peuple pour résister à l'envahisseur? »

SIGNAUX DE FEU. — Quant aux *signaux par le feu*, ils ont été en usage dans tous les temps et dans tous les lieux. Même de nos

jours, les bergers corses et certaines peuplades d'Afrique se servent
encore de ce moyen de communication. Du reste, les signaux de
feu ont été conservés par la marine sous la forme de phares, de
fanaux et de fusées, par la guerre sous la forme de foyers lumineux
utilisés pour le service de la télégraphie optique, et enfin par les
chemins de fer qui, avec leurs lanternes agitées ou immobiles et
de couleurs variées, ne font autre chose que d'appliquer, en le
perfectionnant, ce qui, chez les anciens, s'appelait l'art des signaux.

Grossier dans son principe comme tous les produits de l'intelligence humaine, cet art prit naissance chez les nations de l'Asie
dont les gouvernements despotiques sentirent de bonne heure
la nécessité d'abréger les distances pour envoyer leurs ordres, et
dont le pays, par sa configuration montueuse, se prêtait facilement à la transmission de signaux par le feu.

Inde. — Chine. — Ces signaux qui étaient usités dans l'Inde et
en Chine dès la plus haute antiquité, étaient obtenus par la com-
bustion de matières résineuses, et leur éclat persistait dans toutes
les conditions atmosphériques. Lors de l'établissement de leur
grande muraille, c'est-à-dire environ deux siècles avant l'ère
chrétienne, les Chinois allumaient, sur son couronnement, des feux
brillants que n'éteignaient ni le vent ni la pluie, pour signaler à
toute la frontière les incursions des Tartares (1).

Perse. — Plus tard, les Perses organisèrent un système de correspondance à l'aide de torches. En effet, d'après Aristote, les
rois de Perse avaient placé dans toutes les contrées de l'Asie qu'ils
commandaient, des courriers à pied, des courriers à cheval, des
sentinelles, des gardes et enfin des « observateurs de signaux »

(1) Léon Renier, *Encyclopédie moderne*, art. Télégraphie, t. XXVI (1851), p. 237
et suiv.; Firmin-Didot, éditeurs.

cursores etiam, exploratoresque, statores et custodes stationarii et denique excubitores (1)

Le même auteur nous dit aussi que « l'ordre était si grand, surtout parmi les *observateurs de signaux*, qu'au moyen des postes à feu établis depuis les frontières du royaume jusqu'à Suse et Ecbatane, le roi pouvait apprendre, dans le même jour, tout ce qui s'était passé de nouveau en Asie ».

GRÈCE. — Il faut remonter aux temps héroïques de la Grèce pour trouver les premières traces de télégraphie en Europe, c'est-à-dire de l'échange de communications rapides à distance au moyen de signaux conventionnels.

Tout le monde connaît la légende de Thésée rapportée par Plutarque.

Au moment de partir pour aller combattre le Minotaure, Thésée avait promis à son père Égée de remplacer la voile noire de son navire par une voile blanche, dans le cas où il aurait réussi à vaincre le monstre. Thésée revint victorieux, mais par suite d'une erreur du pilote, la substitution de voiles n'eut pas lieu, et Égée, convaincu de la mort de son fils, se précipita de désespoir dans la mer.

Comme nous l'avons dit, les anciens se servirent le plus généralement de feux, pour annoncer les événements importants à de grandes distances.

Dans sa tragédie d'*Agamemnon*, Eschyle donne, avec sa forme poétique inimitable, une description très nette de cette télégraphie rudimentaire.

Le poète raconte qu'Agamemnon avait disposé des guetteurs sur le chemin de Troie pour annoncer, par des feux, la prise de cette ville.

(1) Aristote, *De mundo*, c. VI.

Clytemnestre connut ainsi, dès le lendemain, la grande nouvelle, qu'elle s'empresse d'apprendre au chœur :

« Quel message assez prompt a pu vous instruire de cet événement? demande le chœur.

— C'est, répond la reine, Vulcain par ses feux allumés sur l'Ida; de fanal en fanal, la flamme messagère a volé jusqu'ici; de l'Ida, au promontoire d'Hermès à Lemnos; de cette île, le sommet du mont Athos a reçu le troisième signal; ce grand signal, produit d'un flambeau résineux, voyageant sur la surface des eaux d'Hellé, a doré de ses rayons le poste de Macistos (1); celui-ci n'a point tardé à remplir son devoir, et son fanal a bientôt averti les gardiens du Mésape (2), aux bords de l'Euripe (3); ils y ont répondu et ont transmis le signal en allumant un monceau de bruyère sèche dont la clarté, parvenant rapidement au delà des plaines de l'Asope jusqu'au mont Cythéron, a continué la succession de ces feux voyageurs. Le garde de ce mont a allumé un fanal dont la lueur a percé comme un éclair jusqu'au mont d'Égiplanète, au delà des marais de Gorgopis, où les surveillants que j'avais placés ont fait sortir d'un bûcher des tourbillons de flammes qui ont éclairé l'horizon jusqu'au delà du golfe Saronique, et ont été aperçus du mont Arachné; là veillaient ceux du poste le plus voisin de nous, qui ont fait luire sur le palais des Atrides ce feu si longtemps désiré (4)! »

Sans rechercher si le chef des Grecs employa réellement ce moyen pour annoncer à sa royale épouse la ruine des Troyens, le récit d'Eschyle prouve du moins, que, de son temps, l'emploi

---

(1) Dans l'île d'Eubée.
(2) En Béotie.
(3) Bras de mer qui sépare l'île d'Eubée de la Béotie.
(4) Eschyle, tragédie d'*Agamemnon*, v. 286 et suiv.

de signaux conventionnels, pour la transmission de certaines nouvelles, était parfaitement connu.

Homère et Pausanias font aussi fréquemment allusion aux signaux de feux employés pendant la guerre de Troie par Simon et Palamède. Au dire de Pausanias, l'origine de la fête des flambeaux, à Argos, remonterait même à une époque antérieure au siège de Troie.

C'était principalement à la guerre que les signaux étaient utilisés par les Grecs.

D'après Thucydide (460-400 av. J.-C.), les guerriers levaient simplement leurs torches pour indiquer l'approche d'amis, tandis qu'ils les agitaient à droite et à gauche pour signaler des ennemis. On se servit notamment de ces signaux pendant la guerre du Péloponèse et à la bataille de Salamine.

Les auteurs grecs abondent en faits de ce genre, à tel point que l'on serait tenté de supposer que le territoire de la Grèce était couvert de phares et de flambeaux. Leurs *pyrses* (πυρσός) consistaient en feux de matières combustibles que l'on apercevait la nuit par leur lumière et le jour par leur fumée. Nous devons ajouter que la langue grecque renfermait un grand nombre de mots servant à désigner tout ce qui se rapporte aux signaux, et nous voyons dans ce fait une preuve des soins que les peuples de la Grèce mettaient à se perfectionner dans cet art. Il paraît, en tout cas, à peu près certain qu'à la suite des guerres persiques, les Grecs prirent leurs dispositions pour être rapidement prévenus des mouvements de leurs ennemis et pour se garantir contre de nouvelles invasions.

Dans ses Remarques sur les Commentaires de César, Viguères rapporte qu'un Sidonien proposa à Alexandre le Grand le moyen d'établir une communication rapide entre tous les pays placés sous sa domination; il ne demandait pas plus de cinq jours pour faire parvenir des avis de l'extrémité de l'Inde jusqu'en Macédoine. Alexandre traita d'insensé l'auteur de cette proposition et rejeta dédaigneusement ses offres; se ravisant ensuite, il voulut le mander auprès de lui, mais le Sidonien avait déjà disparu et toutes les recherches faites pour le retrouver demeurèrent infructueuses.

L'historien grec Polybe (203-121 av. J.-C.) expose dans son *Histoire Générale* (l. X, ch. XLIII à XLVII) l'état exact des notions que les anciens possédaient de son temps, sur la transmission des nouvelles au moyen de signaux.

Après avoir dit que Philipe II, roi de Macédoine, avait, dans la première guerre macédonienne (215 à 206 av. J.-C.), massé son armée à Scotussa et à Démétriade où il attendit les troupes d'Attale et des chefs étoliens, Polybe ajoute :

« Afin de demeurer au courant de tout ce qui se passait, il envoya à Péparèthe, en Phocide et en Eubée, l'ordre de lui transmettre jusqu'aux moindres événements par des fanaux communiquant avec le mont Tisée. C'est une montagne de la Thessalie, d'où la vue s'étend sans obstacle sur les provinces que j'ai nommées.

« Les fanaux, quoique d'un si grand usage dans la guerre, n'ont été perfectionnés que de nos jours : peut-être est-il bon de ne pas parler à la légère de cette découverte, d'y insister plutôt avec tout le soin nécessaire. Il est incontestable que l'à-propos, qui joue un si grand rôle dans toutes les entreprises, est surtout précieux dans les opérations militaires. Or, de tous les moyens qui peuvent le mieux assurer cet avantage, il n'en est pas de plus certain que les fanaux. Par eux, il suffit de la moindre attention pour connaître les événements qui viennent de s'accomplir ou s'accom-

plissent dans le moment même, fût-on à la distance de trois ou
quatre journées et plus. Quelque affaire pressante demande-t-elle
un prompt service? Grâce à ces signaux, il est bientôt arrivé. Cependant, comme autrefois il n'y avait qu'une seule manière de se
servir de tels signaux, le plus souvent ils étaient inutiles. L'usage

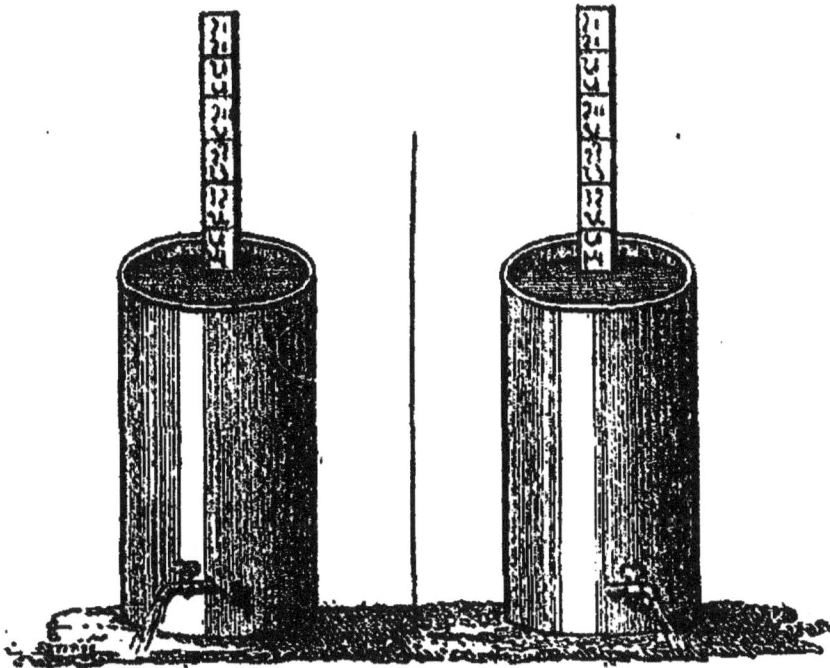

Fig. 2. — Système télégraphique d'Énée.

qu'on en faisait reposait sur un certain nombre de signes déter-
minés d'avance, et comme les événements ne le sont pas, la plupart ne pouvaient être transmis de cette façon. Par exemple, pour
ne pas sortir des faits que nous venons de citer, il était facile d'annoncer par certains signes convenus que la flotte se trouvait à
Péparèthe, à Orée ou bien encore à Chalcis. Mais s'agissait-il
d'indiquer que cette ville s'était révoltée, que telle autre avait été

livrée par quelques citoyens, qu'un massacre avait eu lieu, ou de
prévenir un de ces accidents si ordinaires dans le train habituel des
choses et qu'on ne saurait prévoir (et ce sont surtout les événements
inattendus qui exigent les rapides conseils et les prompts secours),
tout cela ne pouvait avoir pour interprètes les fanaux. Comment
convenir de signes pour des choses qu'il est impossible de connaître d'avance?

« Énée, qui a laissé un traité sur la stratégie, essaya de remédier
à cet inconvénient et fit faire quelques progrès au système des
fanaux; mais il resta encore bien loin de cette perfection qu'on
avait rêvée. On va le comprendre. Il recommande à ceux qui veulent par ce moyen se communiquer une nouvelle, de préparer
chacun de leur côté des vases de terre d'une largeur et d'une hauteur parfaitement égales, ayant de hauteur trois coudées au plus,
et de largeur une seule. Il faut ensuite disposer des morceaux de
liège d'une étendue un peu plus petite que l'orifice des vases,
ficher au milieu de ces lièges de petits bâtons divisés en parties
égales de trois doigts, appliquer sur chacune une enveloppe bien
distincte, et y tracer les faits qui se reproduisent le plus commu-
nément dans la guerre, et qui sont ainsi les plus faciles à prévoir.
Sur la première partie on écrira : « Il est entré de la cavalerie »; sur
la seconde : « Fantassins pesamment armés »; sur la troisième :
« Soldats armés à la légère »; ensuite : « Cavalerie et infanterie »;
puis « Flotte », et enfin : « Vivres », etc., jusqu'à ce qu'on ait ins-
crit tous les faits qu'on peut raisonnablement regarder comme pro-
bables, et que la suite de la guerre semble devoir surtout amener
dans les circonstances présentes. Énée veut encore qu'on pratique
dans les vases, des trous d'une égalité parfaite, de telle sorte qu'ils
aient exactement la même grandeur et laissent passer un même vo-
lume d'eau. Les vases étant remplis de liquide, on placera à la sur-

face des lièges avec leurs petits bâtons, et de part et d'autre on débouchera les trous. Il est évident que les vases étant de grandeur identique et de même forme, les lièges descendront simultanément en raison directe de l'écoulement du liquide, et que les bâtons s'abîmeront en proportion dans l'intérieur du récipient. Lors donc que ces opérations seront faites avec un parfait ensemble et une égale rapidité, on portera sur le terrain même où chaque parti doit observer les fanaux, les vases soigneusement garnis de l'appareil dont nous avons parlé. Si quelqu'un des événements énumérés plus haut se présente, on élèvera aussitôt un fanal et on attendra que de l'autre côté on en ait élevé un semblable. Les deux signaux, à peine aperçus, doivent être abaissés, et les trous immédiatement ouverts. Dès que, avec le liège et le bâton, l'inscription du fait que l'on veut connaître est au niveau du bord, il faut élever un nouveau fanal. L'observateur correspondant fermera sur-le-champ les trous et regardera l'inscription tracée en la partie du bâton touchant au bord du vase : si tout a été fait avec une même vitesse des deux côtés, cette inscription énoncera le fait demandé.

« Ce système diffère sans doute un peu des fanaux par signes; mais il n'a encore rien de précis. Il est manifeste qu'on ne saurait ni prévoir tous les événements, ni même, pût-on les prévoir, les inscrire tous sur un bâton. Ensuite si quelque accident extraordinaire survient, la transmission en est impossible. Ajoutez à cela qu'aucun des détails écrits sur le bâton n'a la clarté nécessaire. Comment ainsi spécifier le chiffre des cavaliers ou des fantassins entrés en campagne, le pays attaqué, la quantité de vivres amenés ou le nombre des vaisseaux? Dès qu'il s'agit de particularités qu'il n'est pas permis de présumer, il n'est plus de signes convenus d'avance pour les traduire. Or, je le répète, l'intérêt de ces communications repose sur les détails. De quelle manière, en effet, délibérer sur le secours qu'il faut envoyer, si on ne connaît pas où se trouvent les ennemis et en quel nombre? Comment avoir confiance en ses forces ou ne pas y compter, si on ne sait combien de vaisseaux ou de vivres sont venus de la part des alliés?

« Un dernier système imaginé par Cléomène et par Démocrite, et perfectionné par nous, a le mérite de la précision, et est propre à fournir tous les renseignements utiles, mais il exige des opérateurs la plus scrupuleuse attention. Le voici. On prend l'alphabet tout entier, qu'on divise ensuite en cinq classes, renfermant chacune cinq lettres, ou, pour parler plus exactement, la dernière classe n'en aura que quatre. Mais cette différence n'offre aucun inconvénient. Ceux qui sont chargés d'établir les signaux ont soin de préparer cinq tablettes et d'écrire sur chacune d'elles une partie des lettres. De plus, il est convenu que le poste qui doit donner le signal élèvera d'abord deux fanaux, jusqu'à ce que l'autre réponde. Cette première opération a pour but, de part et d'autre, d'avertir qu'on est prêt. Ces fanaux baissés, on en élève d'autres d'abord à gauche, afin de remarquer quelle tablette il faudra interroger; s'il s'agit de la première, on dresse un seul fanal; de la seconde, deux; les fanaux s'élèvent ensuite à droite dans le même ordre, pour indiquer quelle lettre celui qui reçoit le signal est tenu d'inscrire.

« Lorsque, ces conventions faites, chacun s'est mis à son poste, on tient près de soi une lunette garnie de deux tuyaux, de façon à distinguer parfaitement la droite et la gauche du correspondant. Il faut que près de cette lunette on fiche solidement en terre les tablettes debout et qu'à droite et à gauche règne une palissade de dix pieds d'étendue et de grandeur humaine; par ce moyen, les signaux, lorsqu'on les élève, apparaissent d'une manière plus sensible, et, abaissés, ils s'effacent tout à fait. Si donc on veut marquer, par

Fig. 3. — Système télégraphique de Polybe.

exemple, que *des soldats au nombre de cent environ ont passé à l'ennemi*, on choisira d'abord les mots qui peuvent rendre la même pensée avec le moins de lettres possibles. Ainsi, au lieu de la phrase que nous venons de faire, on dira : *cent Crétois nous ont quittés*. Le nombre de lettres est diminué de moitié, et l'idée est la même. On tracera ces mots sur une petite tablette, et on les fera connaître par les signaux, comme je vais le dire. La première lettre est un K; elle se trouve dans la seconde catégorie et sur la seconde tablette. Il faudra élever d'abord deux fanaux à gauche, afin d'avertir celui qui recueille le signal de regarder la seconde tablette. Puis on en dressera cinq à droite, pour faire comprendre que la lettre K est la cinquième de la seconde catégorie. Ainsi le poste correspondant inscrira la lettre K. Quatre fanaux à gauche indiqueront ensuite que l'R appartient à la quatrième partie, et deux à droite succéderont aux autres, parce que l'R est la seconde lettre du quatrième tableau; ainsi de suite. Par cette méthode, tout événement, même accidentel, est suffisamment déterminé.

« L'intervention des fanaux est bien fréquente, parce que chaque lettre demande nécessairement deux signes; mais si on a bien pris ses mesures, il est facile de vaincre ce léger obstacle. En résumé, les deux méthodes exigent, de qui veut les employer, une grande expérience, pour que, dans l'occasion donnée, on puisse communiquer sans craindre aucune erreur (1). »

Le récit de Polybe témoigne des efforts sérieux qui avaient été faits pour perfectionner l'art de la télégraphie.

CARTHAGE. — Cet art ne s'introduisit que beaucoup plus tard chez les Romains, qui ne paraissent en avoir fait usage qu'à l'é-

---

(1) Polybe, *Histoire générale*, traduction de M. Félix Bouchot, professeur de rhétorique au collège royal de Versailles; Paris, 1847, t. II, p. 148 à 153.

poque des guerres puniques. Peut-être l'apprirent-ils d'Annibal on plutôt encore de Polybe lui-même qui était l'ami et le commensal du grand Scipion.

Si l'on en croit Polyen (VI, XVI, 3), les Carthaginois auraient, en effet, inventé, vers l'an 400 avant J.-C., le système télégraphique décrit par Énée. Ils faisaient alors le dégât en Sicile et communiquaient ainsi avec la métropole, malgré une distance en mer de 134 kilomètres, coupés, il est vrai, en deux parties à peu près égales, par l'île de la Pantellerie.

M. le colonel du génie de Rochas (1), à qui nous empruntons ces renseignements, ajoute en note : « M. Daux a vu à Carthage, accolée contre l'un des édifices qui se trouvaient à l'extrémité de la ville, sur le bord de la mer, une tour ronde de 5 mètres de diamètre, dont l'intérieur contient un escalier en spirale présentant un vide au centre et qui était très vraisemblablement une tour à signaux. »

L'armée d'Annibal comprenait un corps de signaux (τοὺς χειρίζοντας τὴν πυρσείαν, Polybe, X, 47). Ce furent les officiers de ce corps qui apprirent, en produisant une grande fumée, au gros de l'armée punique le passage du Rhône par le détachement d'Hannon (Polybe, III, 42.) Plus tard, lors de la marche sur Tarente, ces mêmes officiers entretinrent avec les conjurés des intelligences qui aboutirent à la chute de la place. (Polybe, VIII, 30.)

Les auteurs latins, notamment Pline et Tite-Live, rapportent que, pendant la seconde guerre punique, Annibal utilisa un grand nombre de tours existant en Afrique et en Espagne et servant non seulement de retraite et de défense contre les pirates et les voleurs,

(1) Dans sa très intéressante notice : *Les Buttes et la Télégraphie optique*; Blois, 1886, p. 20.

mais encore de lieux d'observation pour voir et signaler ce qui se passait au loin (1).

Tite-Live ajoute même que lorsque la flotte romaine vint atta-

Fig. 4. — Poste télégraphique romain ; d'après un bas-relief de la colonne Trajane.

quer celle d'Asdrubal, mouillée devant Tarragone, elle fut signalée par ces tours (2).

(1) In Africa, Hispaniaque, turrium Annibalis... in Asia vero propter piraticos terrores, simili specularium præsidio excitato : in quæis prænuntiativos ignes sexta hora diei accensos sæpe compertum est, tertia noctis a tergo ultimis visos (Pline, *Hist. Nat.*, II, 71.) — Multas et locis altis positas turres Hispania habet, quibus et speculis et propugnaculis adversus latrones utuntur. (Tite-Live, II, 19.)

(2) Inde primo, conspectis hostium navibus, datum signum Asdrubali est... (Tite-Live, II, 19.)

Rome. — César utilisa fréquemment les signaux de feu pendant les guerres des Gaules pour diriger la marche de ses armées, et c'est ce qui nous explique la rapidité et l'assurance de ses mouvements. Il dit lui-même, dans ses *Commentaires* : « Dès qu'on eut fait *les signaux de feu*, les troupes, obéissant à un ordre donné antérieurement par César, quittèrent leurs retranchements et s'avancèrent pour combattre à son secours (1). »

Plus tard, du haut des rochers de Caprée, Tibère observait, lui-même, les signaux qui, à défaut de ses courriers ordinaires, lui apportaient des nouvelles de tous les points de son vaste empire. C'est, du moins, ce que nous apprend Suétone dans sa *Vie de Tibère* (2). Il est, en effet, démontré que sur ces routes admirables qui sillonnaient leur vaste empire, les empereurs romains avaient fait construire, de distance en distance, des tours destinées à la transmission des signaux.

D'après un mémoire de la *Bibliothèque britannique,* cet immense réseau télégraphique circulaire partait de Rome pour traverser les Gaules et l'Espagne, entrait en Afrique par le détroit de Gibraltar, suivait la côte nord de l'Afrique jusqu'en Égypte, passait en Asie où il arrivait jusqu'aux bords du Tigre et de l'Euphrate, puis revenait en Italie le long du Pont-Euxin et par le bassin du Danube, traversant ainsi près de 1.500 villes dans un parcours de plus de 3.000 lieues !

Comme nous le verrons plus loin, il existe encore aujourd'hui, dans le midi de la France, quelques vestiges de ces tours romaines.

L'architecte Apollodore de Damas, qui accompagna Trajan

---

(1) *Commentaires* de César, liv. II, 33.

(2) Speculabundus ex altissima rupe identidem, signa, quæ ne nuncii morarentur, ut quidquid foret factum, mandaverat. (Suétone, *Vie de Tibère.*)

dans ses guerres sur le Danube, nous a laissé dans les bas-reliefs de son œuvre magistrale, la colonne Trajane, la reproduction exacte d'un poste télégraphique romain. Le monument, de forme carrée, entouré de palissades et surmonté d'une tourelle, a une fenêtre à balcon à laquelle était attaché un flambeau de poix-résine suspendu à l'extrémité d'une longue perche. Les signaux, qui s'obtenaient par les mouvements plus ou moins rapides imprimés à ces torches, étaient commandés par des officiers spéciaux que l'on voit représentés le casque en tête et l'épée en main dans l'un

Fig. 3. — Tour à signaux; d'après une peinture de Pompéi.

des compartiments les plus élevés de la colonne Trajane. — On trouve aussi dans les peintures de Pompéi la représentation de tours à signaux.

Il semblerait que, plus tard, un système de signaux analogues à ceux du télégraphe Chappe, fut substitué aux torches. C'est ce qui paraît résulter d'un passage de Végèce dans lequel l'écrivain latin parle de poutres placées sur les tours des châteaux ou des villes et à l'aide desquelles on annonçait ce qui se passait au dehors (1).

Byzance. — Cependant, au dixième siècle, les Byzantins, qui

(1) Aliquanti in castellorum aut urbium turribus appendunt trabes quibus aliquando erectis, aliquando depositis, indicant quæ geruntur. » (Végèce, De re militari, III, 5.)

avaient recueilli en Orient les restes de la civilisation romaine, paraissent n'avoir connu que les signaux ignés, ou du moins ne faisaient plus mention que de ceux-là dans leurs traités didactiques, et ils ne relatent leur emploi que dans le cas où il s'agit de signaler l'approche de l'ennemi. M. de Rochas cite, à l'appui de cette opinion, le passage suivant de l'Anonyme de Byzance :

« Il faut que les signaux par le feu soient donnés, autant que possible, des points les plus centraux, afin que tout le reste de l'armée puisse voir de loin l'avertissement donné par la flamme ou la fumée. Ceux qui sont chargés des signaux par le feu... doivent apporter à l'avance des broussailles, du chaume, des branches d'arbres, de l'herbe sèche; ils n'oublieront point de se munir de pierre à feu. L'étoupe que l'on jette sur le feu est la matière la plus propre à produire une grande flamme accompagnée d'une épaisse fumée qui s'élève fort haut. Il faut allumer deux fois les signaux lorsqu'on ne peut distinguer suffisamment si la troupe que l'on aperçoit se compose de bêtes sauvages, d'hommes qui cherchent un refuge ou d'ennemis. S'il est bien reconnu que ce sont des ennemis qui s'avancent pour nous attaquer, il faut allumer les signaux à trois ou quatre reprises, et même davantage si les ennemis sont en grand nombre. »

Voici quelles étaient, d'après Gibbon, les stations des signaux de feu existant entre Tarse et Byzance. Après Tarse venaient celles des monts Argent, Isamus, Égésus, de la colline de Mamas, du Cérisus, du Mocilus, de la colline Auxentius et enfin le cadran du phare du palais (1).

Tous ces faits témoignent des efforts tentés par les différents peuples de l'antiquité pour obtenir une prompte transmission des

(1) Gibbon, *Histoire de la décadence de l'Empire romain*, vol. XIV, p. 410.

nouvelles en utilisant les seules forces de la nature. Il nous paraît inutile d'insister sur l'insuffisance de ces procédés rudimentaires qui étaient absolument impuissants à annoncer des événements imprévus. La solution du problème devait exiger de longs siècles d'études et de recherches persévérantes.

I.

LA TÉLÉGRAPHIE EN FRANCE

DEPUIS LES TEMPS LES PLUS RECULÉS JUSQU'A L'INVENTION DE CLAUDE CHAPPE.

Signaux gaulois. — Tours à signaux gauloises et gallo-romaines. — Tours de guet des châteaux. — Recherches archéologiques de MM. du Cleuziou, Loiseleur, le commandant Ratheau, le commandant de Rochas, Benjamin Fillon, etc. — Les aiguilles sympathiques. — Galilée. — Richelieu accusé de sorcellerie. — Amontons. — Marcel. — L'abbé Barthélemy et la marquise du Deffant. — Dupuis. — Linguet. — Dom Gauthey. — De Courrejoles. — Les signaux en Angleterre et en Allemagne.

Il est aujourd'hui démontré qu'à une époque bien antérieure à la conquête romaine, nos ancêtres se sont servi de signaux de feu et de cris répétés de colline en colline, pour annoncer les nouvelles importantes.

La reconstitution de ces anciens réseaux télégraphiques présenterait un haut intérêt historique, et nous faisons des vœux pour que la science archéologique qui a déjà fait tant de progrès dans la recherche des anciennes coutumes, comble cette importante lacune en étudiant les nombreux monuments de l'espèce, dont on trouve encore aujourd'hui des vestiges.

Quelques études partielles dont nous allons rendre compte, ont été déjà publiées sur la question ; les résultats obtenus par leurs auteurs semblent de nature à encourager les archéologues à persévérer dans cette voie.

Nous citerons d'abord M. du Cleuziou, dont le remarquable ouvrage, *La Création de l'homme et les premiers âges de l'humanité*, contient des renseignements pleins d'intérêt sur les menhirs antérieurs à l'époque celtique qui se dressent encore sur quelques points de la France.

M. du Cleuziou signale notamment deux de ces menhirs transformés en hautes bornes et existant en Champagne, pays dans lequel l'âge de bronze a laissé des traces nombreuses d'une occupation permanente. Ces menhirs sont ceux de la *Haute Borne*, près de Vertus (Marne), et la *Pierre de la Justice*, dans le cimetière de Voipreux (Marne).

« Lorsque les Gaulois, fils directs des Celtes, occupèrent plus tard la Champagne, ils vénérèrent si bien ceux de ces monuments existant dans cette contrée, qu'ils en firent des points de réunion, des postes d'observation, où ils établirent ces fameuses *huchées*, qui étonnèrent tant César lors de son invasion féroce de la patrie française. Le conquérant en parle dans ses Commentaires (l. VII), à propos de la grande révolte des Carnutes, qui commença, comme on le sait, par le meurtre, à Genabum, du chevalier romain Fusius Cita que le proconsul avait placé là comme préposé aux vivres.

« Ces postes, devenus des signaux à feux, se sont conservés bien longtemps après la conquête. Viollet-le-Duc les signale dans son *Dictionnaire raisonné d'architecture*, à l'article Tours.

« Une ligne non interrompue de ces tours, dit-il en citant « M. Bulliot, part du Beuvray, et se dirige par la vieille mon- « tagne vers le cours de l'Aron jusqu'à Decize par Cercy-la- « Tour. La plaine d'Autun en offre une autre semblable, qui « longe la chaîne des montagnes du nord-ouest, entre les camps

Fig. 6. — Poste d'observation des Gaulois (la *hachée*).

« de la vallée d'Arroux, au-dessus et au-dessous de la ville. Elle
« commence au coude d'Arroux, sur la rive droite, entre le mont
« Dru et la Perrière, et franchissant le bassin d'Autun sur les
« points culminants de la plaine, va aboutir à la vallée de Barnay,
« en face de la montagne de Bar, sans que les tours qui compo-
« sent cette ligne se perdent jamais de vue de l'une à l'autre. Le
« souvenir de leurs fanaux s'est conservé presque partout, soit
« dans leurs noms, soit dans la tradition populaire. Le nom de
« Montigny (*mons ignis*, *mons ignitus*) est resté à plusieurs de
« ces localités. » (*Dictionnaire raisonné*, t. IX, p. 69.)

« En Champagne, les points où se dressaient les piliers, devenus
des *guettes militaires*, origine de ces tours à feu, s'appellent
encore des *houppes*, de *huppa*, crier. En Bretagne on les nomme
des *guel*; à Quiberon, *konguel*, de *guellet*, voir; sur tous les
caps, dans ce dernier pays, on trouve encore des menhirs en
place, le cap Saint-Mathieu en a deux aujourd'hui sanctifiés par
des croix; au Toulinguet, en Crozon, se dresse un alignement
complet avec cromlech; la pointe du Ray possède un peulvan à
moitié brisé, qui jadis devait être énorme; sur les presqu'îles
de Rhuys et de Quiberon, au Morbihan, s'élèvent deux pierres
au pied desquelles les marins se rendent encore, au moment
du danger, pour surveiller la baie.

« En Champagne, sur les promontoires qui regardent la plaine
immense des champs catalauniques, au lieu de dominer la mer,
les pierres ont disparu, pour la plupart, mais les noms de lieux
en conservent pieusement la trace. A la houppe de Vertus, le
chemin qui mène à l'extrémité de la falaise s'appelle encore chemin
de la Haute-Borne.

« A l'époque où sur ces pointes se dressaient de vrais menhirs,
en cas d'alarme on faisait, la nuit, à la base même du pilier de

pierre, un grand feu de lande; le peulvan, vivement éclairé par la flamme, se dressait alors, blanc fantôme, au milieu du ciel noir. A ce signal convenu répondaient aussitôt, sur tous les points de l'horizon, des brasiers allumés par des veilleurs de nuit. Lorsque sur la houppe la plus voisine, à portée de la voix, les guerriers réunis de la première guette apercevaient la silhouette de leurs frères, se profilant en sombre sur la flamme claire, ils appelaient, on leur répondait aussitôt; la nouvelle à transmettre volait dans l'air, au-dessus des villages paisiblement endormis, et les mouvements de l'ennemi étaient connus à Lutèce avant même qu'il eût dépassé la Loire, franchi le défilé des Vosges.

« Certes, oui, les vieux antiquaires si méprisés par les pédants modernes, n'avaient pas tort lorsqu'ils désignaient les dolmens et les menhirs sous le nom de pierres celtiques. Les hommes du bronze eurent pour elles la vénération que des fils pieux ont pour les monuments de leurs pères (1). »

Le 45e Bulletin de la Société archéologique de l'Orléanais (Orléans, 1863-1864) renferme également une curieuse étude de M. Loiseleur, ayant pour titre : *Note sur le tumulus de la Ronce et sur une ligne de signaux télégraphiques gaulois.*

On trouve dans cette étude des observations très judicieuses, que nous allons essayer de résumer.

César rapporte que chez les Gaulois les événements extraordinaires étaient annoncés aux contrées voisines par des cris qui se transmettaient de proche en proche. Ces avertissements marchaient si vite qu'ils franchissaient une distance de plus de cinquante lieues dans le court espace de temps compris entre le lever et le coucher du soleil.

(1) *La Création de l'homme et les premiers âges de l'humanité,* par M. du Cleuziou; Paris, 1886.

Cette transmission si rapide, ajoute M. Loiseleur, et que la nuit n'interrompait pas, suppose une organisation, un système de surveillance, de cris convenus et de signaux. N'est-il pas naturel d'admettre que, sur un sol presque partout couvert de forêts, on avait dû profiter des hauteurs naturelles qui dominaient les bois, et en disposer d'artificielles pour y établir des postes fixes où des sentinelles entretenaient des feux destinés à servir de points de repère pendant la nuit, et à indiquer dans quelle direction on devait chercher la voix? Ces feux dont il était facile de varier le nombre, la dimension et la couleur, pouvaient même, grâce à certaines combinaisons très simples, devenir de véritables signaux. Les Gaulois n'auraient fait ainsi que généraliser, en lui donnant une destination politique et civile, un usage religieux attesté par certains chants druidiques, celui qui consistait à entretenir, sur une montagne sacrée placée au centre de chaque grande région, des feux qu'on éteignait un moment dans la nuit du 1ᵉʳ novembre, symboles de la mort périodique et de la renaissance successive de tous les êtres. « Il y a, » dit le druide dans le curieux chant breton intitulé *Ar Rannou*, publié par M. de la Villemarqué, « il y a huit feux, avec le feu du père (le feu principal, le père-feu), allumés au mois de mai sur la montagne de la guerre. » (*Chants populaires de la Bretagne*, t. I, p. 9.)

Nous remarquons dans cette strophe, le rapprochement de deux idées, celle de la *guerre*, dont le terrible dieu *Hésus* était la principale divinité des Gaulois, et celle du *feu* qui, comme les autres éléments de la nature, était également l'objet de l'adoration de nos ancêtres. Il n'est donc pas surprenant que les Gaulois se soient servis de signaux de feux pour annoncer les événements militaires importants, pour transmettre, en cas de danger, des ordres de concentration, etc., etc.

En ce qui concerne le tumulus de la Ronce existant à proximité de Châtillon-sur-Loing, M. Loiseleur émet l'opinion très
vraisemblable que ce tumulus a bien pu être l'un des anneaux
d'une chaîne de *tumulus* semblables qu'il a observés dans les
environs et qui auraient servi de ligne télégraphique gauloise.

Nous laissons la parole à M. Loiseleur :

« Le tumulus de la Ronce est situé sur le domaine de ce nom,
à la gauche du canal de Briare, qui sépare ce domaine de la ville
de Châtillon. Il occupe le sommet d'un plateau assez élevé d'où
l'on domine cette petite ville, bâtie dans la prairie qu'arrose le
Loing. Il a environ 9 mètres de haut et 200 de circonférence...

« .... Ce tumulus n'est pas le seul qu'on remarque dans les
environs de Châtillon-sur-Loing. Il en existe un autre de dimension à peu près pareille, à trois lieues environ de cette ville, près
de la Bussière, et un troisième entre Montbouy et Montcresson,
dans la propriété même où se trouve le curieux cirque de Chenevières. Placé entre ces deux tumulus, et à une distance à peu
près égale de l'un et de l'autre, celui de la Ronce semble se relier
à un système général organisé dans un but de surveillance et de
défense. Ces élévations, faites le main d'homme, n'étaient-elles
pas destinées à porter des sentinelles chargées de veiller sur les
environs et de transmetre certaines nouvelles, soit au moyen
de feux allumés sur ces hauteurs, soit par tout autre moyen convenu? Du tumulus de la Bussière, il était possible de correspondre directement ou au moyen de tumulus intermédiaires avec la
colline qui domine la ville de Gien, de même que de celui de
Chenevières on pouvait se mettre en communication, soit avec
les hauteurs naturelles de Chateaurenard, soit avec celles de
Montargis. Ainsi, les bords de la Loire et les confins des Carnutes et des Bituriges auraient été reliés par une série de poste

télégraphiques avec les confins des Senonais. Il n'est pas impossible même que les tumulus qui existent encore aujourd'hui à Lion-en-Sullias et à Châteauneuf appartinssent au même système, dont une étude approfondie parviendrait peut-être à reconstruire le plan général... »

L'opinion de M. Loiseleur aurait certainement acquis plus de force et de solidité si elle eût été appuyée par des faits et surtout par

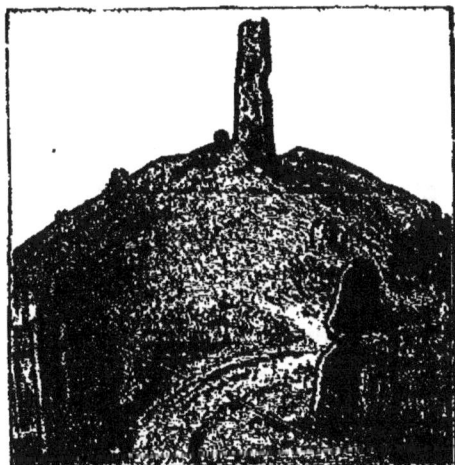

Fig. 7. — Tumulus et menhir de Krukini (Morbihan).

une série d'opérations de nivellement pratiquées sur une grande échelle; mais, telle qu'elle est, elle nous paraît très admissible.

Les mêmes objections ne sauraient, sans injustice, être opposées aux savantes recherches faites il y a quelques années, par M. le colonel du génie de Rochas, alors correspondant du ministère de l'Instruction publique à Blois. M. de Rochas avait été chargé par la Société des sciences et lettres de Loir-et-Cher d'effectuer des fouilles tendant à déterminer la destination primitive de la *Butte des Capucins*, située au sommet du plateau sur les flancs duquel s'étale la ville de Blois.

Ces fouilles, pratiquées avec le plus grand soin, amenèrent la découverte d'un grand nombre d'objets de toute sorte, tels que des ossements, des débris de briques romaines, de verroterie, de poterie en terre noire non vernissée, de fragments d'ardoises épaisses, du charbon, de gros clous de fer semblables à ceux dont on se servait autrefois en guise de jante pour ferrer les roues, enfin quelques grattoirs en silex grossièrement travaillés.

« Il semble prouvé, dit M. de Rochas, que le climat de la Butte a été habité depuis les époques les plus reculées; que la butte a été édifiée pendant ou après l'occupation romaine; qu'elle ne recouvre pas de dolmen, et enfin qu'elle a été légèrement augmentée postérieurement à Louis XII.

« Elle aurait donc pu être élevée, dans l'origine, pour servir de piédestal, soit à des vigies en temps de guerre, soit à des orateurs dans les grandes assemblées politiques ou religieuses.

« Si la seconde hypothèse était la vraie, on aurait établi la chaire au milieu de la plaine et non sur le bord de l'escarpement. Cette position convient, au contraire, parfaitement aux signaux; il n'y a plus de doute à avoir quand on constate que la butte occupe un point culminant d'où l'on peut apercevoir de l'autre côté de la Loire une butte analogue située à 12 kilomètres (3 lieues) de là, sur la limite de la commune de Candé, vers Chaumont. »

Partant de là, M. de Rochas reprend l'idée émise il y a une vingtaine d'années, par un médecin de Blois, le docteur Chauveau, qui, dans la pensée que ces deux buttes faisaient partie d'un système de télégraphie organisée par les Gaulois, avait cherché à reconstituer ce système pour le département de Loir-et-Cher.

Quelques-unes des anciennes buttes construites en terre végétale ont aujourd'hui disparu, mais les buttes encore existantes, *placées toutes en vue les unes des autres*, sont assez nombreuses pour déterminer avec une certitude à peu près absolue les stations de l'ancien réseau télégraphique gaulois.

La ligne principale ainsi restituée suit le cours de la Loire d'Orléans à Tours, et comprend les buttes suivantes à partir d'Orléans :

1° La butte de *Mézières* ou des *Élus*, ou encore de *Renaud de Montauban*, sur la rive droite de l'Ardoux, en amont de Cléry ;

2° Meung-sur-Loire (butte disparue) ;

3° La butte de la Fourche-au-Loup, presque à l'intersection des routes de Blois à Orléans et de Beaugency à Romorantin ;

4° Mer (butte disparue) ;

5° Montlivault ;

6° La butte des Capucins, à Blois ;

7° La butte du *Bois des Cadioux*, appelée aussi la *Motte Mindré*, près de l'embouchure du Beuvron ;

8° Monteaux ;

9° Amboise, à l'est du château ;

10 Montlouis, où le nom de butte a été conservé à un petit groupe d'habitations ;

11° Tours.

M. de Rochas pense que la station de Tours devait se trouver au milieu des jardins qui couvrent le coteau où l'on a pratiqué « La Tranchée ». La ligne se bifurquait probablement ensuite en deux branches dont l'une suivait la Loire et l'autre se dirigeait vers les Arvernes au sud, avec une première station à Monts.

Des considérations analogues ont déterminé la restitution d'une seconde ligne qui suivait la vallée du Loir et qui aurait passé par Montigny (*mons ignis*), Rougemont, le climat de la Motte près du hameau du Plessis, les bois du Perron, le climat de la Motte au-dessus du faubourg Saint-Lubin à Vendôme, le point culminant du coteau situé en face du bourg de Thoré, les buttes des Roches, de Trôo, le hameau de Chevelu et enfin la butte de la Chartre encore existante.

A la Chartre, la ligne télégraphique paraît quitter la vallée du Loir pour se diriger vers le Mans, capitale des Cenomani.

Ces deux grandes lignes de la Loire et du Loir semblent avoir été reliées par une ligne transversale traversant le plateau de la Beauce, et partant de Mer pour aboutir à la butte du Climat de la Motte, près du hameau du Plessis.

Sur la rive gauche de la Loire, M. de Rochas a reconstitué une autre ligne qui traverse la Sologne, où l'on voit encore, dit-il, tant de traces du séjour des Gaulois et des Romains. Cette ligne est jalonnée par le village de *Mont*, par les fermes de *la Motte* près de Tours en Sologne. Là, elle se bifurquait : l'une des branches se dirigeait vers la ferme de la Motte, près Montrieux; l'autre continuait vers le sud et se dirigeait vers la vallée du Cher; une station existait à la grosse butte de Soings.

Nous reproduisons ci-dessous les conclusions de M. de Rochas :

« En examinant sur la carte les positions des stations qui ont laissé les traces les plus certaines, on constate qu'elles sont en général à 10 ou 12 kilomètres les unes des autres. Cette distance est un peu plus grande que celle que l'on avait été conduit à admettre dans ce pays-ci pour l'installation des signaux du système Chappe qui devaient être observés de jour et à l'aide de lunettes. Ainsi, entre Mer et Tours, il y aurait eu, d'après nos hypothèses, 8 stations : Mer, Montlivault, Blois, la Motte-Mindré, Monteaux, Amboise, Mont-Louis et Tours; en 1846, pour la même étendue, il y en avait 11 : Mer, Mulsans, Villiers-d'Averdon, Saint-Bohaire, Herbault, Santhenay, Saint-Ouen (la Logerie), Pocé

(Beauregard), Vouvray, Rochecorbon et Tours (la Tranchée).

« On serait conduit ainsi à supposer que les lignes anciennes étaient établies uniquement pour les signaux par le feu; mais il se peut que l'acuité de la vue humaine et le climat se soient modifiés depuis ces temps reculés; il se peut aussi qu'il y ait eu des buttes intermédiaires plus petites servant aux communications soit par la voix, soit par le procédé Chappe, car tous ces moyens ont été en usage dans l'antiquité (1). »

Comme on vient de le voir, les études de MM. Loiseleur et de Rochas se sont portées sur des éminences de terre placées en vue les unes des autres et se prêtant, par leur disposition respective, à la transmission des signaux.

Il existe, en outre, sur d'autres points de la France, un certain nombre de tours de formes diverses et remontant à l'époque romaine, qui d'après les archéologues, paraissent avoir été construites pour la même destination.

M. Benjamin Fillon, dans son livre intitulé *Poitou et Vendée*, en a signalé plusieurs dans la Vendée, offrant l'aspect de vieux moulins à vent et se correspondant visiblement.

De son côté M. le docteur Foulon, membre de la société archéologique de Nantes, a publié, en 1869, un mémoire intitulé *Télégraphes gallo-romains*, dans lequel il signalait deux tours analogues existant en Bretagne et désignées dans le pays sous le nom de *Masses;* ce sont les tours de *Treveday* et de *Saint-Donatien*, uniques, selon lui, dans le département de la Loire-Inférieure, et semblables à celles de la Vendée. La première de ces tours, la mieux conservée des deux, aurait même, d'après

---

(1) Ainsi, il existe entre Chousy et la Vicomté, sur la côte des Groix, une petite butte, dite la *Butte de Carthage*, où l'on a trouvé des débris gallo-romains

M. Foulon, servi de poste télégraphique aérien construit sur le modèle du télégraphe décrit par Végèce. Mais ce n'est là qu'une conjecture que l'auteur lui-même n'a pas prétendu élever à l'état de vérité démontrée (1).

Dans le département de la Côte-d'Or, le hameau de Beaume près Créancey, situé sur la voie romaine d'Autun à Langres, possédait une tour d'origine romaine qui a été démolie à la fin du siècle dernier. Cette tour, placée sur l'un des sommets les plus élevés de la Bourgogne, a pu, au dire de Courtépée, servir de signal entre Autun et Alise (2).

Non loin de Saujon, dans le département de la Charente-Inférieure, il existe encore aujourd'hui une vieille tour, la tour de *Pire longe*, haute de 22 mètres et de forme carrée, qui paraît avoir servi d'observatoire romain destiné à communiquer avec le camp romain situé au hameau de Toulon.

La pile de *Cinq-Mars* près Langeais (Indre-et-Loire), classée parmi les monuments historiques, est aussi un ancien observatoire. C'est un énorme pilier carré, construit en briques, haut de 29 mètres, large de 4 mètres sur chaque face.

Pendant la réunion des délégués des sociétés savantes qui a eu lieu à la Sorbonne le 1er juin 1887, ces deux derniers monuments ont été décrits par M. Lièvre, membre de la section d'archéologie, qui a signalé également divers autres monuments du même type dans la Charente, l'Ariège et la Haute-Garonne. D'après lui, ces monuments ne seraient pas d'origine romaine et ne seraient autre chose que des menhirs consacrés à des divinités gauloises. Ils

(1) Voir la *Revue des sociétés savantes*, Janvier 1869, p. 345, 346.
(2) Courtépée, *Description du duché de Bourgogne*, 2e édition, t. IV, p. 62. — Voir aussi le *Répertoire archéologique des arrondissements de Dijon et de Beaune* par M. Paul Foisset, secrétaire adjoint de la commission des antiquités du département de la Côte-d'Or (Dijon, août 1867 et mai 1870).

rentreraient alors dans la
catégorie de ceux qui ont
été signalés en Champagne
par M. du Cleuziou.

Nous avons déjà parlé
du grand réseau télégra-
phique qui reliait les différentes provinces de l'em-
pire romain et dont une
partie traversait le midi
de la Gaule. On retrouve
encore aujourd'hui à Arles,
à Bellegarde et à Nîmes,
quelques tronçons de ce
réseau, qui ne s'écartait pas
sensiblement des antiques
voies romaines, la via Au-
relia et la via Domitia.

La première de ces voies
partait de Rome pour
aboutir à l'antique cité
d'Arles que le poète Au-
sone appelait la petite
Rome des Gaules (*Gallula
Roma Arelas*). Cette ville
d'Arles, qui domine le delta
du Rhône, domina jadis
aussi le berceau de la civilisation, et plus tard elle
défendit, sous l'aigle des

Fig. 8. — Pile de *Cinq-Mars* (Indre-et-Loire).

Césars, les derniers débris de l'empire expirant, contre les invasions des barbares.

Quant à la via *Domitia*, elle allait d'Arles à Cadix par Nîmes (*Nemausus*), Béziers (*Bæterræ*), Narbonne (*Narbo-Martius*), Ruscino (*Tour de Roussillon*), le Boulou, Bellegarde, la Jonquière, etc.

Les deux importantes cités d'Arles et de Nîmes communiquaient entre elles par l'intermédiaire de la tour de Bellegarde, placée à égale distance de la tour d'Arles et de la Tour-Magne (Nîmes).

Ce dernier monument, qui surplombe toute la campagne de Nîmes, est l'un des plus beaux restes des constructions romaines. Sa destination primitive a fait l'objet de bien des controverses, comme le lecteur pourra en juger par les intéressantes recherches qui suivent et que nous devons à l'obligeance d'un homme dont l'érudition égale la modestie, M. Charles Rouvier, directeur des postes et télégraphes en retraite à Nîmes.

Dans son *Histoire civile, ecclésiastique et littéraire de la ville de Nîmes* (Paris, M. DCC. LVIII), tome septième, page 101, Ménard dit : « Je crois donc, et ma conjecture n'est pas sans fondement, que cette tour (il s'agit, bien entendu, de la Tour-Magne) ne fut construite que pour découvrir les ennemis, et pour donner des avis aux villes et aux bourgades du voisinage, pendant les temps de guerre et de trouble, par le moyen de feux qu'on allumait au-dessus. L'usage de donner des signaux par le moyen du feu se pratiqua dans les temps les plus reculés, selon le rapport de Polybe (l. I), qui le regarde comme un moyen très propre à faire passer des avis d'une contrée à l'autre, et dont il fait une longue description. Il est par conséquent très vraisemblable qu'on ait bâti la Tour-Magne pour la pratique d'une coutume si sage et si utile au repos des peuples et des villes dont Nismes était la métropole. La situation, la fabrique, l'élévation de cette tour, placée sur le lieu le plus éminent, tout cela nous fournit une preuve incontestable de cette destination primitive. Son escalier, qui ne fut fait que pour conduire au sommet et non dans les autres parties, toutes entièrement fermées et sans autre ouverture

Fig. 9. — Tour du télégraphe, à Narbonne. xiv⁰ siècle.

que celle d'en haut, ne manifeste-t-il pas qu'il n'y avait que le sommet qui fût de quelque usage? Or cet usage pourrait-il être autre que celui que je viens d'indiquer? »

Cette opinion de Ménard, est partagée par MM. Grangent, ingénieur en chef des ponts et chaussées; C. Durand, ingénieur ordinaire des ponts et chaussées; S. Durand, ingénieur du cadastre, ancien élève de l'École polytechnique, tous membres de l'Académie royale de Nîmes, auteurs de la *Description des*

monuments antiques du midi de la France. (A Paris, de l'imprimerie Crapelet M. DCCC. XIX.) On y lit, page 29, § 2 :

« Ramenons donc les constructions antiques aux idées simples
de leurs fondateurs, et, au lieu de nous perdre en vaines recherches,
disons que la Tour-Magne, construite sur le coteau le plus élevé,
dominant toutes les campagnes environnantes, était la principale
tour de la ville, uniquement destinée à observer tout ce qui se
passait au dehors, pour en donner avis aux vingt-quatre bourgs
dépendant de la colonie, au moyen de signaux. Cette opinion
est fondée sur la situation de cet édifice, dans un angle rentrant
et en dedans des murailles, sur sa grande hauteur inutile pour
tout autre usage, sur la plate-forme supérieure, objet principal
de son établissement, et enfin sur l'attention particulière que
donnaient les Romains à la défense de leurs nouvelles colonies,
souvent exposées à des dangers imprévus de la part des peuples
voisins, toujours impatients du joug que ces colonies venaient leur
imposer. La tour antique de Bellegarde, construite sur le plateau
le plus élevé, entre Nîmes et Arles, servait sans doute à la correspondance des signaux. Cette tour antique de forme carrée, n'offrant rien de remarquable dans ses formes ni dans sa construction, il nous a paru inutile d'en donner ici une description particulière. »

La construction de la Tour-Magne aurait eu lieu, dans cette
hypothèse, en même temps que celle des murailles antiques de
la ville et remonterait au siècle d'Auguste.

Dans son *Histoire et description des principales Villes de
l'Europe* (Paris, chez Desenne, 1835, page 127), D. Nisard
soutient, il est vrai, que la Tour-Magne était un mausolée :

« Quelle a été, dit-il, la destination primitive de la Tour-Magne?
« Était-ce un ærarium ou trésor public, un phare, une tour de

signaux, un temple? Dans les dissertations archéologiques, la Tour-Magne a été tour à tour tout cela. M. Pelet prouve par des

Fig. 10. — Tour-Magne, à Nîmes.

raisons solides tirées de la comparaison avec des ouvrages analogues, que ce monument a été un mausolée dont la construction est antérieure à l'époque romaine, et peut bien dater de l'occupation des Grecs de Marseille. »

Mais malgré toutes les raisons données par M. Pelet, et de son vivant, MM. Simon Durant, Henri Durand et Eugène Laval, dans leur *Album archéologique et descriptif des monuments historiques du Gard* (Nîmes, imprimerie Soustelle-Gaude, 1853, page 58), s'en tiennent à l'opinion de Ménard :

« La Tour-Magne n'a été construite que pour sa plate-forme, qui, étant très élevée, pouvait servir à donner des signaux à toutes les parties de la province d'où il était possible de l'apercevoir.

« D'autres tours correspondaient avec elle; celle de Bellegarde, à mi-chemin d'Arles, était peut-être du nombre. Les signaux se faisaient avec des feux de différentes couleurs, selon l'usage gaulois adopté par les Romains. Tout porte à croire que ces derniers la bâtirent; car Nîmes n'était, avant l'établissement de la colonie romaine, qu'une bourgade qui ne pouvait avoir un aussi grand monument, et, d'ailleurs, cette tour est bâtie de la même manière que les remparts de la ville, construits par ordre d'Auguste. Sans doute, les Romains lui donnèrent la forme octogone, préférée des peuples de la Celtique, pour lui imprimer un caractère entièrement gaulois, comme l'usage auquel ils la destinaient. Ce qui confirme cette assertion, c'est le nom de Puech de la Lampèze donné à la colline à l'extrémité de laquelle est située la Tour Magne, nom qui vient de *Podium Lampadis*, coteau du phare ou de la lampe. »

Ces témoignages autorisent à admettre que la Tour-Magne a bien servi d'observatoire romain permettant de correspondre avec Bellegarde et Arles.

Le même édifice pouvait aussi correspondre avec Uzès d'autre part.

Mais là s'arrêtent malheureusement les données que nous avons pu recueillir sur les postes télégraphiques de l'époque romaine.

Nous arrivons à la période du moyen âge.

Sous la main puissante et régulatrice de Charlemagne, les routes, mieux entretenues, devinrent en même temps plus sûres, les côtes furent protégées contre les incursions des pirates, et des phares s'élevèrent sur les points dangereux du littoral. Tel fut, par exemple, le phare de la tour *Matafère* qui fut dressé à l'entrée

Fig. 11. — Remparts d'Aigues-Mortes, porte ouest, et vue de la tour *Constance*

du port d'Aigues-Mortes. Saint Louis le remplaça plus tard par la tour *Constance,* qui portait sur sa plate-forme une tourelle terminée par une cage en fer destinée à contenir des broussailles que l'on allumait pendant la nuit pour servir de guide aux navigateurs.

Ce vaste empire de Charlemagne ne tarda pas à se morceler. Pour récompenser les chefs francs qui l'avaient aidé dans ses conquêtes le grand Empereur avait donné des fiefs et des gouvernements aux guerriers les plus illustres, que l'on appela ducs, comtes, seigneurs, barons, etc., et qui plus tard réussirent à se rendre indépendants, après avoir obtenu de Louis le Débonnaire la possession perpétuelle, et de Charles le Chauve l'hérédité des fiefs. Mais il faut reconnaître aussi que pendant la première période de la féodalité, c'est-à-dire du milieu du neuvième siècle jusqu'au milieu du douzième, les seigneurs, protégés par leurs châteaux forts et les forteresses inexpugnables dont la France s'était hérissée, eurent à soutenir de terribles luttes au nord contre les Normands, au midi contre les Sarrasins, qui, devenus maîtres de la péninsule ibérique, se répandaient à flots, comme une marée montante, dans les contrées méridionales du Languedoc et de la Provence.

Il ne suffisait pas cependant d'être protégé par de solides murailles capables de résister à un choc imprévu. Il fallait aussi surveiller l'approche de l'ennemi, suivre sa marche, afin de préparer les moyens de défense. C'est pour répondre à cette nécessité de premier ordre, que l'une de principales tours du château, *la guette,* servait à abriter les sentinelles qui étaient chargées d'explorer la campagne.

« La guette, dit Prosper Mérimée, était ordinairement munie d'une cloche que l'on sonnait en cas d'alarme ; souvent cette cloche était remplacée par un cornet ou olifant, peut-être aussi par un porte-voix, avec lequel on annonçait la présence de l'ennemi. »

Mérimée a reproduit aussi le fac-similé d'une miniature du quinzième siècle représentant une tour de guet éclairée par des fanaux et défendue par des chiens cachés derrière des palissades.

On comprend aisément que pendant ces époques troublées, il ne pouvait être question d'établir des correspondances régulières par signaux, ni même de faire revivre les communications établies par les Romains.

Cependant l'art de la télégraphie ou plutôt l'art des signaux ne disparut pas entièrement, comme le démontrent les curieuses et patientes recherches auxquelles s'est livré, il y a une vingtaine d'années, M. le commandant du génie Ratheau.

Le très intéressant travail de M. Ratheau, portant le titre de

Fig. 13. — Tour de guet éclairée par des fanaux et défendue par des chiens. Fac-similé d'une miniature du xv⁰ siècle; d'après un dessin de Prosper Mérimée.

Mémoire sur des tours d'observation et de signaux, et publié dans le compte rendu de la 33⁰ session du congrès archéologique de France, débute par les considérations suivantes :

« Parmi les débris de constructions militaires dont notre sol est semé, parmi ces anciens châteaux, ces enceintes de villes et de villages plus ou moins ruinés, nous avons toujours remarqué avec un intérêt spécial les tours isolées placées soit sur les sommets inaccessibles, soit sur les bords de la mer, et bien souvent nous nous sommes posé les problèmes d'archéologie militaire qu'elle soulève.

« Dans les Pyrénées, et particulièrement dans le Roussillon, nous en avons observé un assez grand nombre, que nous avons dessinées avec soin.

« Un premier fait qui se présente d'abord et qui est fort curieux à noter, c'est l'uniformité d'appellation de ces tours par les gens du pays, laquelle entraîne naturellement dans leur esprit la croyance à l'égalité d'origine. *Tours des Maures, Tours sarrazines,* voilà les noms qu'ils leur donnent, et ils ajoutent qu'elles ont été bâties par les Sarrasins ou les Maures pour dominer le pays. C'est qu'en effet, pendant de longs siècles, les Maures, Sarrasins ou Barbaresques, infestaient ces malheureuses régions, et les habitants ont gardé un profond souvenir de dévastations qui ne remontent pas à une époque bien éloignée de nous. Seulement il y a confusion dans leur esprit, et ils attribuent faussement à ces hordes barbares la construction de monuments destinés, au contraire, à se mettre en garde contre leurs incursions. Nous ne croyons pas que ces peuples pillards aient fait construire une seule de ces tours. Toutes celles que nous avons vues présentent le caractère de nos constructions féodales, sans aucune provenance de l'architecture orientale. Que les Sarrasins en aient momentanément occupé quelques-unes, cela est hors de doute ; mais nous n'en connaissons qu'une seule où ils aient résidé pendant un laps de temps assez considérable, c'est celle du *Titan,* dans l'île du Levant (groupe des îles d'Hyères) et l'on verra plus loin qu'elle ne se distingue en rien des autres tours. »

M. Ratheau fait remarquer ensuite que les tours qui subsistent encore aujourd'hui en Espagne ne sont plus, sans doute, celles qui existaient il y a deux mille ans, mais leur triple but défensif resta toujours le même : elles durent protéger, observer et signaler, mais elles ne remplirent pas toujours, à un égal degré, ce triple but.

L'auteur est ainsi conduit à classer, d'une manière générale, les tours isolées en trois catégories :

1° Les tours servant à la fois à la défense et à l'observation ;

2° Les tours ayant pour but unique l'observation des faits importants, laquelle implique naturellement à sa suite le signalement de ces faits à des points plus ou moins éloignés ;

3° Enfin les tours purement défensives.

Les tours comprises dans la première catégorie, c'est-à-dire ayant servi à la fois à la défense et à l'observation, ont été forcément peu nombreuses. Leur exiguïté et leur isolement les rendaient, en effet, peu capables d'une résistance prolongée, et elles ne pouvaient, par suite, être employées que dans des circonstances particulières. Le plus souvent alors, ou elles prenaient des proportions inusitées, ou elles s'adjoignaient à des châteaux forts dont elles devenaient la tour de guet.

M. Ratheau signale cependant comme rentrant dans cette catégorie une tour qu'il a remarquée dans le Roussillon. C'est la tour de Goa, placée sur le chemin conduisant de la vallée du Tech dans celle de la Têt, derrière le Canigou et à peu de distance de Vernet-les Bains. Son diamètre est d'environ 12 mètres ; elle a deux étages voûtés en dôme, et à hauteur de chacun d'eux sont percés huit créneaux. Sa construction paraît remonter au quinzième siècle.

Une autre tour de cette catégorie montre encore des restes intéressants sur les rochers qui dominent la ville de Villefranche de Conflent (Pyrénées-Orientales), située sur le bord de la Têt. On l'appelle la tour de *Rabastanys*. Elle était carrée, entourée d'un fossé, et l'on voit encore au rez-de-chaussée l'emplacement de cinq ou six créneaux et d'une citerne.

Cette tour était en communication facile avec celle de Goa, et elle pouvait ainsi transmettre ses avertissements à la petite ville ensevelie au fond d'une gorge profonde.

Un monument analogue existait jadis au sommet de la montagne de *Bellegarde*, à la limite entre le Roussillon et la Catalogne. C'était une grosse tour carrée qui a été démolie dans la seconde moitié du dix-septième siècle pour faire place au fort actuel.

Admirablement placée, comme son nom l'indique, pour surveiller tout ce qui se passait dans les plaines du nord comme dans celles du midi, elle était, en même temps, assez grande pour contenir la garnison destinée à conserver au suzerain la possession des deux passages ou cols de l'est et de l'ouest, ceux du Pertus et du Panussas également dominés.

On peut, par extension, ranger dans la même catégorie, une autre tour chargée de défendre l'anse du *Titan*, sur la côte sud de l'île du Levant (groupe des îles d'Hyères), en Provence. Cette île ne possède au sud que ce seul point de débarquement, qui fut longtemps au pouvoir des Barbaresques ; ils avaient fait de ce petit port, assez peu sûr, du reste, le centre de leurs excursions et de leurs pirateries. Ils occupaient la tour, au haut de laquelle ils plaçaient un fanal, et un petit château ajouté postérieurement pour agrandir leur retraite fortifiée.

Cette tour s'est écroulée il y a quelques années ; mais, d'après un témoin oculaire, elle se composait de deux étages, d'une plate-forme supérieure et d'un étage souterrain. Sa hauteur était de 9 mètres, son diamètre de 8 mètres.

Enfin les tours de guet des châteaux doivent, comme nous l'avons dit, être rangées dans la même catégorie. On a alors un système plus complet, mais aussi plus coûteux. Ces châteaux sont nombreux sur les côtes de Provence, où de simples tours n'auraient pas présenté une résistance suffisante aux attaques incessantes des Sarrasins. Aussi n'y trouve-t-on pas ces dernières en aussi grande quantité que sur les côtes du Roussillon, qui furent moins sujettes à leurs dévastations.

M. Ratheau range dans la deuxième catégorie les tours exclusivement destinées aux observations et aux signaux qui en résultent, et il a visité presque toutes celles qui existent en grand nombre dans le Roussillon.

Elles occupent généralement des positions d'un accès difficile, très élevées et très éloignées quelquefois des points qu'elles surveillent. Elles se rattachent, en général, à un type unique, qui se retrouve aussi complet que possible dans la tour de *Mir*.

Fig. 13. — Tour de guet de l'ancien château d'Angoulême. XIIIᵉ siècle.

Cette tour, dont le nom seul suffirait pour indiquer la destination, est située sur la rive droite de la vallée du Tech, au-dessus de la petite ville forte de Prats de Mollo, qu'elle domine de 700 mètres environ. Elle occupe la pointe extrême d'un contrefort qui se relie avec le fond de la vallée par des pentes excessivement raides, presque infranchissables : elle n'est réellement accessible que du côté sud. La surveillance était donc facile et les signaux des guetteurs s'apercevaient aisément de Prats de Mollo et d'autres points élevés situés dans la vallée.

Au centre d'une plate-forme de 26 mètres de diamètre, élevée au-dessus du sol de 3 mètres environ, est posée la tour, qui a près de 10 mètres de diamètre extérieur et 12 mètres de hauteur à partir du sol de la plate-forme. Un socle ou soubassement à parements inclinés existe à la partie inférieure sur une hauteur de 1^m,60; au-dessus s'élance la tour proprement dite, qui a deux étages et une plate-forme supérieure.

Autour de cette plate-forme régnait un mur crénelé dont on voit encore les traces. Un escalier ordinaire amenait du dehors sur cette plate-forme dont les maçonneries, sauf celle du mur crénelé, sont en pierres sans mortier.

La tour, assez bien conservée à l'époque où M. Ratheau l'a examinée, paraît avoir été construite au treizième siècle.

La tour de Cos, ou de Montalé, aujourd'hui en ruines, était encore dans la vallée du Tech, à moitié distance entre Arles et Prats-de-Mollo, et dominant la route de plus de 700 mètres. Élevée sur une véritable pointe de rocher que l'on aperçoit de fort loin elle offre bien, comme position, le type des tours d'observation. Les irrégularités du roc sur lequel elle est établie n'avaient pas permis de lui donner une forme absolument circulaire, ni régulière.

D'après une pièce de l'année 1369, conservée à la préfecture de Perpignan, cette tour était déjà à cette époque en fort mauvais état.

Sa construction paraît remonter au treizième et peut-être au douzième siècle.

La tour de Batéra, en Roussillon, présente de grandes analogies avec celle de Mir. Elle semble avoir été construite à la même époque.

Au-dessus du village de Corsavy, sur une hauteur qui domine

l'ancien château, est encore une de ces tours, assez intéressante par le rôle qu'elle est appelée à jouer. Du château on ne pouvait apercevoir une voie de communication qui était très importante au moyen âge; la tour fut lancée en avant du château, en un point plus élevé du contrefort, duquel on voit un long développement de la route à surveiller.

Sa construction paraît dater du quatorzième siècle.

Fig. 14. — Tour de *Mir* (Pyrénées-Orientales).

Nous n'avons pas à nous occuper ici des tours purement défensives, que M. Ratheau classe dans la troisième catégorie, et nous arrivons à la dernière partie du mémoire, dans laquelle le savant archéologue traite de la nature des signaux.

Ces signaux consistaient, d'après lui, en feux allumés soit au pied, soit sur la plate-forme de la tour.

M. Ratheau ajoute qu'en 1176, Raymond Bérenger Ier, dans les Constitutions de Catalogne nommés « Usatges », parle de ces signaux comme d'une ancienne coutume.

« Si le prince, dit-il, est assiégé, ou s'il apprend que quelque roi ou prince s'avance vers lui pour le combattre, il avertira ses sujets ou par lettre, ou par mesages, ou par les *coutumes ordinaires*, c'est-à-dire par les feux. »

En 1384, une ordonnance royale de Don Pedro IV réglementa le mode d'exécution de ces feux, le temps qu'ils devaient durer, leur nombre relativement à celui des ennemis, etc...

L'usage des signaux par le feu ne saurait donc être mis en doute, et M. Ratheau, bien qu'il n'ait trouvé sur les plates-formes aucune trace de calcination, pense que les guetteurs allumaient leurs feux à leur pied, du côté le plus convenable.

Telle est la conclusion de l'intéressant mémoire dont nous venons d'esquisser les lignes principales ayant trait à notre sujet.

Pour compléter les renseignements que nous avons pu recueillir sur les vestiges d'anciens monuments ayant servi autrefois de postes d'observation, nous mentionnerons les recherches faites, il y a une quinzaine d'années, dans le département du Lot-et-Garonne, par M. Tholin, archiviste départemental et membre de la Société d'agriculture, sciences et arts d'Agen.

M. Tholin, qui a exploré très minutieusement les stations, les camps et refuges du Lot-et-Garonne, a remarqué un certain nombre d'ouvrages en terre, d'origine fort ancienne et qui lui ont paru d'excellents postes d'observation. D'autres points élevés, sur lesquels on ne trouve plus aucune trace de terrassements, ont dû être utilisés pour compléter le réseau télégraphique du pays des Nitiobroges; mais l'on en est réduit aux conjectures. M. Tholin a remarqué, notamment près des villages de Sainte-Colombe, de Laplume et de Puch, des buttes factices établies sur des points culminants, et entourés de fossés qui lui ont paru avoir pu être utilisés pour la transmission des signaux.

Aux environs de *Montrejeau* (Haute-Garonne), il existe encore aujourd'hui plusieurs tours remontant à l'époque du moyen âge. Tout porte à croire que ces tours qui se correspondent visiblement, ont dû servir, à cette époque, à l'échange de signaux par le feu.

Ajoutons enfin que dans le département des Hautes-Alpes, entre les stations de Serres et d'Eyguians, se dresse la tour de Montrond, située sur un point culminant qui domine le village de ce nom et dont la construction paraît remonter au douzième siècle. D'après une légende populaire, cette tour aurait servi de tour à signaux correspondant avec des feux allumés sur la montagne du Sulié, qui surplombe le village d'Orpierre.

Les signaux de feu ont été également en usage dans d'autres contrées de l'Europe et particulièrement en Écosse. On connaît la fidélité légendaire avec laquelle les Écossais ont conservé les mœurs et les coutumes de leurs ancêtres. Aussi dans cette contrée montagneuse, qui se prête si aisément à la transmission des signaux par le feu, ce mode de correspondance s'est-il perpétué depuis les temps les plus reculés jusqu'à une époque qui n'est pas très éloignée de nous. L'origine de ces signaux nous a paru mériter une mention spéciale.

Quand un chef écossais voulait convoquer son clan dans un pressant danger, il tuait une chèvre, et, taillant une croix de bois, en brûlait les extrémités pour les éteindre dans le sang de l'animal. C'était ce qu'on appelait la *croix du feu*, et aussi *crean tarigh*, ou *croix de la honte*, parce qu'on ne pouvait refuser de se rendre à l'invitation qu'exprimait ce symbole sans être voué à l'infamie. La croix était confiée à un messager fidèle et agile à la course, qui la portait sans s'arrêter jusqu'au village voisin, où un autre courrier le remplaçait aussitôt : par ce moyen, elle circulait dans la contrée avec une célérité incroyable.

A la vue de la croix de feu, hommes, enfants, vieillards, depuis l'âge de quinze ans jusqu'à celui de soixante ans, étaient obligés de se trouver, à l'instant, armés au lieu du rendez-vous : celui qui y manquait était condamné au double supplice du fer et du feu; sa désobéissance était marquée par les signes emblématiques de la croix.

Pendant les guerres civiles de 1745 et 1746, la croix de feu parcourait fréquemment l'Écosse, et elle traversa un jour, en trois heures, tout le district de Brealdalbane, c'est-à-dire une étendue de pays de 32 milles (1).

« Feu Alexandre Stuart, écuyer, m'a raconté, dit Walter Scott, qu'il envoya lui-même la croix de feu à cette époque. La côte était menacée par des frégates anglaises, et l'élite de notre jeunesse était en Angleterre avec le prince Charles-Édouard. Cependant, cette convocation fut si efficace, qu'au bout de quelques heures on vit sous les armes une troupe très nombreuse et pleine d'enthousiasme. Dès ce moment, le projet de faire diversion dans la contrée fut abandonné par les Anglais comme une entreprise désespérée. »

Les feux n'étaient pas cependant l'unique système de communication usité au moyen âge.

Vers la fin du treizième siècle, le célèbre conquérant Tamerlan, par exemple, se servait d'un télégraphe phrasique très simple, mais très expressif, pour dicter ses conditions aux villes assiégées; il n'employait que trois signaux. *Le premier était un drapeau blanc* qui signifiait : *Tamerlan usera de clémence.* Un drapeau *rouge* annonçait, le deuxième jour, qu'il fallait du sang, que le *commandant de la place et de ses principaux officiers payeraient*

---

(1) *Des Postes en général et particulièrement en France*, par Charles Bernède; Paris, 1826.

de leur tête le temps qu'ils lui avaient fait perdre. Il arborait, comme troisième et dernier signal, un drapeau *noir* qui voulait dire : *Que vous vous rendiez ou non, vous périrez tous et la ville sera détruite.*

Ce télégraphe d'un nouveau genre n'aurait jamais transmis, dit-on, une nouvelle qui ne se fût réalisée.

La première idée du télégraphe chez les modernes est due au docteur Hooke; elle date de la fin du dix-septième siècle. L'appareil du physicien anglais consistait en un certain nombre de caractères d'une grosseur suffisante pour être aperçus à une certaine distance et correspondant chacun à une lettre de l'alphabet : quelques autres signes exprimaient des mots et des phrases convenus à l'avance.

Pour arriver à ce résultat, le docteur Hooke avait dû abandonner la voie suivie par les savants de son époque, qui, toujours à la recherche du merveilleux, croyaient trouver la solution du problème des communications à distance dans la théorie des aiguilles sympathiques, si répandue pendant les seizième, dix-septième et dix-huitième siècles. Et cependant cette théorie, si bizarre qu'elle soit, n'était-elle pas comme l'avant-coureur de la télégraphie électrique? Elle consistait en une sorte de télégraphe magnétique basé sur la sympathie que l'on supposait exister entre des aiguilles touchées par le même aimant. On en concluait que des amis éloignés les uns des autres pourraient ainsi échanger leurs pensées, puisque chaque mouvement imprimé à une aiguille provoquait par sympathie un mouvement semblable dans l'autre aiguille à travers une distance de 3 à 4 kilomètres.

Une personne s'adressa un jour à Galilée pour lui vendre le secret d'une méthode de ce genre qu'elle avait découverte, et lui proposa d'assister à une expérience décisive faite sur une grande échelle; mais le savant lui ayant demandé de faire d'abord un premier essai dans une chambre, elle s'y refusa sous le spécieux prétexte que l'action serait à peine perceptible à une aussi petite distance.

« Sur ce, dit Galilée, je renvoyai le quidam en lui disant que je n'étais pas disposé à voyager en Égypte ou à Moscou pour faire l'expérience, et que s'il voulait y aller lui-même, je resterais à Venise pour attendre les événements (1) » !

Mais tout le monde n'était pas Galilée, et la crédulité publique se laissait aller dans cette voie jusqu'à admettre les idées les plus extravagantes. Croirait-on, par exemple, que le cardinal de Richelieu fut accusé par ses contemporains de s'occuper de magie diabolique? Son système d'espionnage était si parfait, qu'on le croyait possesseur soit d'un miroir magique qui lui permettait de voir tout ce qui passait dans le monde, soit d'un télégraphe magnétique magique!

On lit, en effet, dans un livre publié en 1639, sous le titre *Lettres d'un espion turc* :

« Dans une autre occasion, ce cardinal disait qu'il entretenait beaucoup de courtisans, quoiqu'il pût très bien s'en passer, qu'il connaissait ce qui s'accomplissait aux lieux les plus éloignés aussi vite que ce qui avait lieu auprès de lui. Une fois, il affirma avoir appris, dans moins de deux heures, que le roi d'Angleterre avait signé l'ordre d'exécution d'un certain personnage.

« Si cela est vrai, le cardinal doit être plus qu'un homme... Ses créatures les plus dévouées assurent que dans un endroit particulier de son cabinet se trouve une certaine figure mathématique dont la circonférence porte toutes les lettres de l'alphabet. Le

---

(1) Galilée, *Dialogus de systemate mundi*, 163., pag. 88.

centre est armé d'un dard qui marque les lettres qui sont aussi désignées par les correspondants. Il paraît que ce dard reçoit sa vertu d'une pierre que ceux qui envoient et reçoivent les avis ont

Fig. 15. — Amontons expérimentant son système télégraphique devant le Dauphin, au jardin du Luxembourg, à Paris, en 1690.

toujours à portée et qui a été séparée d'une autre pierre que le cardinal a toujours près de lui. On affirme qu'avec cet instrument, il reçoit et envoie immédiatement ses messages (1). »

(1) *Lettres d'un espion turc*, ouvrage attribué à Jean-Paul Marana; Paris, 1639, vol. I, 13ᵉ lettre.

Si l'auteur anonyme a traduit fidèlement des opinions ayant réellement cours à cette époque, on voit combien l'esprit public était avide de merveilleux! Mais, par contre, les dernières lignes que nous venons de citer ne laissent-elles pas entrevoir, comme à travers un voile, l'image de l'appareil à cadran?

Sous le règne de Louis XIV, un savant, Guillaume Amontons, devenu plus tard membre de l'Académie des sciences, reprit l'étude du problème de la télégraphie aérienne, et s'il n'arriva pas jusqu'à une solution définitive, il s'en approcha de plus près que le docteur Hooke.

La description de l'appareil télégraphique imaginé par Amontons nous a été laissée dans la lettre suivante de Fénelon à Jean Sobieski, secrétaire du roi de Pologne : « Il (Monseigneur) m'a dit qu'il était à Meudon, et qu'il envoya un billet cacheté au moulin de Belle-ville, au delà de Paris. La réponse lui fut donnée par des signaux qu'on mettait à une aile du moulin et qu'on découvrait de Meudon par une lunette d'approche. Ces signaux étaient des lettres de l'alphabet qui passaient sucessivement à mesure que le moulin tournait avec lenteur. A mesure qu'une lettre passait, ceux qui étaient auprès de l'observatoire de Meudon la marquaient sur des tablettes. L'inventeur faisait remarquer qu'en multipliant de distance en distance les signaux et les lunettes, on pourrait en peu de temps et avec peu de frais faire savoir une nouvelle de Paris à Rome; mais je crois que vous conviendrez que cette invention est plus curieuse qu'utile. »

Fontenelle dit à ce propos, dans son *Éloge d'Amontons :* « Peut-être ne prendra-t-on que pour un jeu d'esprit, mais du moins très ingénieux, un moyen qu'Amontons inventa, de faire savoir tout ce qu'on voudrait à une très grande distance, par exemple de Paris à Rome, en très peu de temps, comme en trois ou quatre heures, et même sans que la nouvelle fût sue dans tout l'espace d'entre eux. Cette proposition, si paradoxale et si chimérique en apparence, fut exécutée dans une petite étendue de pays, une fois en présence de Monseigneur et une autre fois en présence de Madame. Le secret consistait à disposer dans plusieurs postes consécutifs des gens qui, par des lunettes de longue vue, ayant aperçu certains signaux du poste précédent, les transmettaient au suivant, et toujours ainsi de suite, et ces différents signaux étaient autant de lettres d'un alphabet dont on n'avait le chiffre qu'à Paris et à Rome. La plus grande portée des lunettes faisait la distance des postes dont le nombre devait être le moindre qu'il fût possible, et comme le second poste faisait des signaux au troisième à mesure qu'il les voyait faire au premier, la nouvelle se trouvait portée à Rome en presque aussi peu de temps qu'il en fallait pour faire les signaux à Paris. »

L'idée réalisée par Chappe était peut-être en germe dans cette proposition d'Amontons, qui fut expérimentée, en 1690, dans le jardin du Luxembourg, en présence du Dauphin et de quelques gentilshommes de sa suite, mais l'expérience n'obtint, en somme, qu'un succès de curiosité. Amontons, découragé, renonça à son projet. Le gouvernement de Louis XIV ne paraît pas, du reste, avoir éprouvé le besoin d'avoir à sa disposition un système de communication aussi rapide, puisqu'en 1702, Marcel, commissaire de la marine à Arles, présenta au roi un mémoire dans lequel il déclarait avoir trouvé le moyen de transmettre jour et nuit un avis imprévu, à deux lieues de distance, dans le même temps qu'il eût fallu pour l'écrire. Il avait fait à Arles, disait-il, des expériences qui avaient parfaitement réussi. Il envoya le dessin de sa machine au ministre du roi. La machine et le dessin furent perdus, et il n'en a jamais été trouvé

aucune autre description. Marcel avait, d'ailleurs, exprimé le désir
que sa méthode ne fût publiée qu'après avoir été examinée et adoptée par le roi.

En 1778, Dupuis, le savant auteur de l'*Origine de tous les
cultes*, imagina un télégraphe alphabétique qu'il expérimenta
en 1788, et au moyen duquel il put correspondre de sa maison, située à Ménilmontant, avec un de ses amis habitant à
Bagneux. Il renonça à son projet en 1792, après la présentation
du système Chappe à l'Assemblée législative.

Un autre inventeur, le journaliste Linguet, ne fut pas plus heureux auprès du gouvernement, en 1783, que Dupuis ne l'avait été
en 1778.

Linguet, enfermé à la Bastille, offrit pour prix de sa liberté
« un moyen permettant de transmettre, aux distances les plus
éloignées, des nouvelles de quelque espèce et de quelque longueur
qu'elles fussent, avec une rapidité presque égale à l'imagination ».
La demande du prisonnier ne fut pas accueillie, et il sortit plus
tard de la Bastille sans condition. Il n'est resté aucune trace de
ce procédé, qui, au dire de son auteur, aurait fonctionné avec
succès en présence de commissaires nommés par le gouvernement.
Arrêté de nouveau en 1793, Linguet fut condamné à mort par
le tribunal révolutionnaire et exécuté. Son secret ne fut jamais
connu.

Le 8 août 1772, l'auteur du *Voyage du jeune Anacharsis en
Grèce*, l'abbé Barthélemy, adressait la fine et curieuse lettre qui
suit à la marquise du Deffand, que M. Villemain a spirituellement appelée « la femme Voltaire » :

« Je pense souvent à une expérience qui ferait notre bonheur;
je ne l'ai peut-être pas bien comprise, mais comme il s'agit de
physique, vous me redresserez.

« On dit qu'avec deux pendules dont les aiguilles sont également aimantées, il suffit de mouvoir une des ces aiguilles pour que l'autre prenne la même direction, de manière qu'en faisant sonner midi à l'une, l'autre sonnera la même heure. Supposons qu'on puisse perfectionner les aimants artificiels au point que leur vertu puisse se communiquer d'ici à Paris : vous aurez une de ces pendules, nous en aurons une autre, au lieu des heures, nous trouverons sur le cadran les lettres de l'alphabet. Tous les jours à une certaine heure, nous tournerons l'aiguille, M. Wiart(1) assemblera les lettres et dira : « Bonjour chère petite fille, je « vous aime plus tendrement que jamais. » Ce sera la grand'maman qui aura tourné. Quand ce sera à mon tour, je dirai à peu près la même chose. Vous sentez qu'on peut faciliter encore l'opération, que le premier mouvement de l'aiguille peut faire sonner un timbre qui avertira que l'oracle va parler.

« Cette idée me plaît infiniment. On la corromprait bientôt en l'appliquant à l'espionnage dans les armées et la politique, mais elle serait bien agréable dans le commerce de l'amitié.

« En attendant son exécution, imaginez que tous les jours, à midi, la grand'maman, après avoir donné son âme à Dieu, la tourne vers vous et vous dit la même chose que la pendule; et que la mienne vous tient de très longs discours et entre autres celui-ci : « La grand'maman n'a point de conduite avec vous; « mais son défaut, que je lui ai souvent reproché, est d'avoir un « excès de raison et de vertu aussi difficile à guérir qu'un excès « contraire. J'ai cru pendant un temps que l'expérience adoucirait « la sévérité de ses principes; mais il ne faut plus l'espérer, et comme « elle n'exerce que sur elle-même, il faudra prendre patience. »

(1) Secrétaire de Mᵐᵉ du Deffand.

« Voici ce que ma pendule vous dit encore : « Pourquoi pensez-
« vous que j'ai renoncé au voyage de Paris ? Ce n'est nullement mon
« projet. J'irai vous voir bientôt ; mais ce sera rarement à souper,
« car j'y aurai bien des affaires que je serai obligé de terminer
« promptement. Mais tous les moments qu'elles n'exigeront pas,
« je les passerai auprès de vous. »

Vers la même époque, un moine de l'ordre de Cîteaux, dom
Gauthey, présenta à l'Académie des sciences un projet permettant « de faire parvenir une dépêche avec la plus grande célérité,
pendant la nuit mieux encore que pendant le jour ». L'Académie
renvoya le mémoire à l'examen d'une commission dont Condorcet
fut nommé rapporteur.

Le rapport de Condorcet, portant la date du samedi 1er juin
1782, fut lu dans la séance du 15 juin suivant. Il était très favorable à l'inventeur, comme on peut en juger par le passage
suivant :

« Ce moyen, dont l'auteur s'est conservé le secret, nous a été
communiqué, et il nous a paru praticable et ingénieux. Il peut
s'étendre jusqu'à la distance de trente lieues, sans stations intermédiaires et sans appareil trop considérable. Quant à la célérité,
il n'y aurait que quelques secondes d'une ligne à l'autre. Mais
le temps dont on aurait besoin pour faire entendre le premier
signe serait plus long, et ne peut être connu que par l'expérience,
et cette expérience serait peu coûteuse. Il n'est guère possible,
sans l'avoir faite, de déterminer, même à peu près, les frais de
construction de la machine. Nous pouvons assurer seulement
que si la distance était très petite, comme celle du cabinet d'un
prince à celui de ses ministres, l'appareil ne serait ni très cher
ni très incommode et qu'on pourrait répondre du succès.

« Le moyen nous a paru nouveau et n'avoir aucun rapport aux moyens connus et destinés à remplir le même objet.

« Nous déposons au secrétariat de l'Académie, un papier con-

Fig. 16. — Dom Gauthey procédant à l'expérience de son système de télégraphie acoustique, en 1782.

tenant le mémoire de dom Gauthey et les motifs de notre opinion sur la possibilité du moyen qu'il proposa.

« Fait au Louvre, ce samedi 1er juin 1782. »

Ce rapport laisse supposer que le système de télégraphie acoustique imaginé par dom Gauthey n'aurait pas été expérimenté devant les membres de la commission. Nous croyons cependant devoir reproduire une gravure extraite des *Merveilles de la Science*, représentant les expériences de ce système, qui, d'après M. Louis Figuier, auraient été effectuées en 1782.

Nous devons mentionner également la tentative faite en février 1782, par le capitaine de vaisseau de Courrejolles, qui, bloqué aux îles Ioniennes par l'escadre anglaise de l'amiral Hood, imagina tous les moyens possibles pour surveiller les mouvements de l'ennemi. Au nombre de ces moyens était notamment un télégraphe qu'il installa sur la montagne la plus élevée des îles et qu'il prétendit même, plus tard, avoir été copié par Chappe. Bien que cette dernière allégation ne repose sur aucun fondement, il n'en est pas moins vrai que le système imaginé par M. de Courrejolles lui rendit les plus grands services dans la circonstance. Il put, en effet, transmettre ses ordres de tous côtés et forcer une division de l'escadre du commodore Nelson qui avait mis pied à terre, à se rembarquer précipitamment.

La prise des îles Ioniennes fut la récompense des efforts de l'intrépide marin, qui, encouragé par ce succès, proposa au ministre de la guerre de faire manœuvrer toutes les troupes de l'armée au moyen de signaux analogues. Cette demande ne fut pas accueillie.

Rappelons enfin que les signaux par le feu furent employés en 1787, dans une circonstance mémorable, c'est-à-dire pendant les observations trigonométriques qui furent faites pour la jonction des observations de Paris et de Greenwich (1).

Dans son *Histoire de la Télégraphie* (Paris, 1824), Chappe

(1) Voir la *Bibliothèque britannique* de mai 1796 (2ᵉ quinzaine), qui fournit des renseignements intéressants sur ces signaux.

l'aîné, rapporte aussi que l'Allemand Bergtrasser, professeur à Hanau, avait publié de 1784 à 1788, sous le titre de *Sinthéma-tographie*, plusieurs volumes traitant des moyens d'écrire au loin. Son but était d'utiliser principalement les signaux pendant la guerre. Pour atteindre ce résultat, disait Chappe, il emploie l'air, le feu, la fumée, des feux réfléchis sur les nuages, l'artillerie, des fusées, des explosions de poudre à canon, des flambeaux, des vases remplis d'eau, des cloches, des trompettes, des tambours, des instruments de musique, des cadrans, des drapeaux, des fanaux, des pavillons et même la lune, car les expériences de Porta (1) ne lui paraissent pas impossibles!

Il ne manquait à sa gloire, ajoute malicieusement Chappe, que d'avoir fait des télégraphes vivants! Il en présente un millier à la fois, en formant un régiment pour transmettre des signaux télégraphiques, avec lesquels les soldats donnent et reçoivent rapidement tous les commandements nécessaires aux manœuvres; le bras droit étendu horizontalement signifie le n° 1; le gauche placé de la même manière, le n°2; les deux ensemble, le n° 3; le bras droit en l'air, le n° 4; et le bras gauche ainsi élevé, le n° 5.

Ces télégraphes manœuvrèrent en 1787, en présence d'un prince de Cassel.

Le baron de Bouchenroeder (2) nous apprend, de son côté, qu'il avait dressé un corps de chasseurs dont il était le colonel en Hollande, en 1788, à faire des manœuvres de cette espèce!

(1) Porta, fondateur de l'*Académie des secrets*, avait cherché à établir un télégraphe au moyen duquel il ferait parvenir dans la lune, disait-il, par des miroirs, des caractères qui seraient réfléchis sur toute la terre. (Voir ses ouvrages : *Magia naturalis*, l. XVII, ch. XVII, et *Philosophia occulta*, l. Ier.)

(2) Dans son ouvrage intitulé l'*Art des signaux*; Hanau, 1795.

D'autres savants allemands proposèrent des systèmes télégraphiques de genres très variés. Nous citerons notamment Pleuninger de Hambourg, Buria, membre de l'Académie des sciences de Berlin, Achard, également académicien à Berlin, Boekmann, professeur à Carlsruhe. Aucun de ces projets ne fut jugé réalisable.

Les savants des autres pays n'avaient pas été plus heureux dans leurs tentatives.

C'est à un Français qu'était réservée la gloire de découvrir la solution pratique du problème, vainement cherchée depuis tant de siècles! Oui, nous pouvons le dire avec une légitime fierté, la France, qui avait déjà eu la gloire de créer l'institution des postes (Louis XI, 19 juin 1464), devait aussi enrichir la civilisation de deux magnifiques découvertes nouvelles, la *télégraphie*, cette science si éminemment française, e* l'*aérostation*, qui nous réserve dans un avenir très prochain, de si merveilleuses surprises. Fidèle à ses traditions et à sa noble mission dans le monde, notre pays a su se créer ainsi, en développant les moyens de communication entre les peuples, de nouveaux titres à la reconnaissance de toutes les nations civilisées!

LA
TÉLÉGRAPHIE AÉRIENNE.

ASSEMBLÉE LÉGISLATIVE

Claude Chappe inventeur du télégraphe aérien. — Ses premières recherches
Pétitions à l'Assemblée législative. — Tribulations de l'inventeur.

C'est à Claude Chappe que la France et l'humanité sont rede-
vables de l'invention du télégraphe. Ce mémorable événement
s'est produit au milieu d'un concours de circonstances véritablement exceptionnelles, sur lesquelles le lecteur nous permettra d'arrêter un instant son attention.

Claude Chappe naquit à Brulon (Sarthe) en 1763. Son père,
qui possédait une certaine fortune, lui fit donner, ainsi qu'à ses
quatre frères, Ignace, l'aîné de la famille, Pierre, René et Abraham, une instruction classique des plus convenables. Les études
de Claude, commencées au collège de Joyeuse, à Rouen, furent
terminées au petit séminaire de la Flèche : quant à ses frères,
ils furent placés dans un établissement peu éloigné de cette dernière ville, ce qui a fait supposer à quelques-uns de ses biogra-
phes que Claude Chappe avait conçu l'idée de son télégraphe
afin de pouvoir communiquer avec ses frères. Il est aujourd'hui
démontré que ce n'est là qu'une légende.

Quoi qu'il en soit, il embrassa l'état ecclésiastique et, comme
son oncle, l'astronome Jean Chappe d'Auteroche, il s'adonna,

dès sa première jeunesse, à l'étude des sciences. La physique l'attira plus spécialement, à tel point qu'à l'âge de vingt ans il fut nommé membre de la Société philomathique, à la suite de mémoires très remarqués qu'il avait publiés dans le *Journal de Physique*.

Or, par une bizarre coïncidence, ces mémoires portaient sur l'étude des phénomènes électriques, et c'est même à l'électricité, très imparfaitement connue alors, que Chappe essaya de recourir lorsque, vers la fin de l'année 1790, il conçut la première idée d'un système de correspondance par signaux. Écoutons plutôt l'illustre conventionnel Lakanal qui a dit à ce propos :

« L'électricité fixa d'abord l'attention de ce laborieux physicien ; il imagina de correspondre par le secours des temps marquant électriquement les mêmes valeurs, au moyen de deux pendules harmonisées ; il plaça et isola des conducteurs à de certaines distances ; mais la difficulté de l'isolement, l'expansion latérale du fluide dans un long espace, l'intensité qui eût été nécessaire et qui est surbordonnée à l'état de l'atmosphère, lui firent regarder son projet de communication par l'électricité comme chimérique. »

En renonçant à maîtriser l'électricité, Chappe était bien loin de se douter qu'un agent qu'il avait trouvé aussi indocile parviendrait un jour à détrôner son œuvre !

Le 2 mars 1791, sur les onze heures du matin, notre inventeur qui avait installé deux stations dans la Sarthe, l'une à Parcé, l'autre à Brulon, distantes de 15 kilomètres, avait convoqué les officiers municipaux et plusieurs notables habitants de ces deux localités, à assister à des expériences décisives.

Son système consistait en deux pendules à secondes réglées synchroniquement et placées en vue l'une de l'autre. Chacune d'elles était munie d'une seule aiguille entraînée par un mouvement d'horlogerie et pouvant s'arrêter successivement sur les différents chiffres marqués autour du cadran. La valeur des chiffres était

Fig. 17. — Claude Chappe expérimentant son premier télégraphe aérien devant les notables de Parcé, le 2 mars 1791.

indiquée par un vocabulaire imaginé par un cousin de Chappe, Delauney, ancien consul à Lisbonne.

Dans chaque station, l'appareil était surmonté d'un tableau rectangulaire fixé sur un axe mobile de manière à pouvoir présenter successivement et à volonté l'une quelconque de ses faces blanche

ou noire. Les divers mouvements de ce tableau servaient à indiquer le passage de chaque aiguille sur le nombre transmis.

Quelques phrases purent être échangées rapidement, comme le
constatent les procès-verbaux officiels dont on retrouve le texte
dans l'*Histoire de la Télégraphie* publiée en 1824 par Chappe
l'aîné (p. 234 et suiv.), mais le problème n'était pas encore résolu.

Vers la fin de la même année 1791, Chappe partit pour Paris
avec l'intention de proposer son système au Gouvernement. Vou-
lant d'abord procéder à des expériences décisives, il obtint de la
Commune de Paris l'autorisation d'installer sa machine à la bar-
rière de l'Étoile; elle y fut élevée, en effet, mais la populace dé-
molit toute la construction pendant la nuit.

Loin de se décourager, l'inventeur rechercha un autre emplacement offrant plus de sécurité, pour construire un second appareil. Son choix se fixa sur le parc du député Lepelletier Saint-
Fargeau, situé à Ménilmontant. Aidé, dit-on, de l'ingénieur Bréguet, il fit établir sa nouvelle machine dans la forme définitive
qu'elle conserva pendant une cinquantaine d'années et jusqu'à
son remplacement par la télégraphie électrique.

Le nouvel appareil différait du premier en ce qu'il se composait
de deux parties, le manipulateur placé à l'intérieur du poste télégraphique et le système signaleur comprenant trois pièces distinctes,
un régulateur prenant appui sur une échelle haute de 7^m,50 et
supportant à chacune de ses extrémités deux indicateurs mobiles in-
dividuellement, quoique indépendants l'un de l'autre. Ces trois
organes étaient mis en mouvement par les trois organes correspondants du manipulateur dont l'action était transmise au moyen
d'un jeu ingénieux de cordes montées sur diverses poulies.

Chappe eut en outre, pour collaborateur, son plus jeune frère
Abraham, mais il fut aussi puissamment aidé par son frère aîné,

Ignace-Urbain Chappe, que les électeurs de la Sarthe avaient envoyé à l'Assemblée législative, où il siégeait depuis le 1ᵉʳ octobre 1791.

Ignace était d'autant plus en situation de protéger son frère qu'il faisait partie du Comité de l'instruction publique. Aussi Claude jugea-t-il le moment venu de faire hommage de son invention au Gouvernement.

Admis le 22 mars 1792 à la barre de l'Assemblée législative,

1	a	a		47	ja	la	lesquels	
2	b	après		48	je	le	lesquelles	
3	c	avant		49	ji	les	lequel	
4	d	avec		50	jo	leur	laquelle	
5	e	avoir		51	ju	malgré	le plus promp* possible	
6	f	avoir dû	aux	52	la	me	cent	
..	..	....		..	..	....	....	
..	..	....		..	..	....	....	
43	çe	ici	généraux	89	vi	vos		
44	fi	il ou lui	était	90	vo	votre	qui être	
45	fo	ils ou eux		91	vu	vous		
46	fu	je ou moi		92	d	y		

Fig. 18. — Reproduction de la première page du Vocabulaire numérique de Chappe.

il donna lui-même lecture de sa pétition, conçue dans les termes suivants :

« Monsieur le Président,

« Je viens offrir à l'Assemblée nationale l'hommage d'une découverte que je crois utile à la chose publique.

« Cette découverte présente un moyen facile de communiquer rapidement à de grandes distances, tout ce qui peut être l'objet d'une correspondance.

« Le récit d'un fait ou d'un événement quelconque peut être transmis, la nuit ainsi que le jour, à plus de 40 milles, dans moins de 46 minutes. Cette transmission s'opérerait d'une manière presque aussi rapide, à une distance beaucoup plus grande (le temps employé pour la communication n'augmentant point en raison proportionnelle des espaces).

« Je puis en 20 minutes transmettre, à la distance de 8 ou 10 milles, la série de phrases que voici, ou toute autre équivalente.

« Luckner s'est porté vers Mons, pour faire le siège de cette « place. Bender s'est avancé pour la défendre. Les deux généraux « sont en présence. On livrera demain bataille. »

« Ces mêmes phrases seraient communiquées, en 24 minutes, à une distance double de la première; en 33 minutes, elles parviendraient à 50 milles. La transmission à une distance de 100 milles ne nécessiterait que 12 minutes de plus.

« Parmi la multitude d'applications utiles dont cette découverte est susceptible, il en est une qui, dans les circonstances présentes, est de la plus haute importance.

« Elle offre un moyen certain d'établir une correspondance telle que le Corps législatif puisse faire parvenir ses ordres à nos frontières et en recevoir la réponse pendant la durée d'une même séance.

« Ce n'est point sur une simple théorie que je fais ces assertions. Plusieurs expériences tentées à la distance de 10 milles, dans le département de la Sarthe, et suivies de succès, sont pour moi de sûrs garants de la réussite.

« Les procès-verbaux ci-joints, dressés par deux municipalités en présence d'une foule de témoins, en attestent l'authenticité.

« L'obstacle qui me sera le plus difficile à vaincre sera l'esprit de prévention avec lequel on accueille ordinairement les faiseurs de projets.

« Je n'aurais jamais pu m'élever au-dessus de la crainte de leur être assimilé, si je n'avais été soutenu par la persuasion où je suis que tout citoyen français doit, en ce moment plus que jamais, à son pays, le tribut de ce qu'il croit lui être utile.

« Je demande, Messieurs, que l'Assemblée nationale renvoie à l'un de ses comités l'examen des projets que j'ai l'honneur de vous annoncer, afin qu'il nomme des commissaires pour en constater les effets, par une expérience qui sera d'autant plus facile à faire qu'en l'exécutant sur une distance de 8 ou 10 milles, on sera à portée de se convaincre qu'elle peut s'appliquer à tous les espaces.

« Je la ferai, au surplus, à toutes les distances que l'on voudra m'indiquer, et je ne demande, en cas de réussite, qu'à être indemnisé des frais qu'elle aura occasionnés. »

L'Assemblée accepta l'hommage de la machine, renvoya la pétition à l'examen du Comité de l'instruction publique, et le président d'Orizi admit Claude Chappe aux honneurs de la séance.

Malheureusement pour ce dernier, les commissaires ne purent pas constater matériellement la valeur du procédé. Le peuple de Belleville se figurant que la nouvelle machine avait été établie pour correspondre avec le roi alors prisonnier, l'avait brûlée.

Chappe se vit ainsi dans la nécessité de recourir de nouveau à l'Assemblée pour demander non seulement aide et protection, mais encore la concession de l'indemnité nécessaire à la réparation de ses machines.

Il écrivit donc la lettre suivante à l'Assemblée, le 12 septembre suivant :

« Messieurs,

« Vous vous rappelez que je me suis présenté devant vous, pour faire l'hommage d'une découverte dont l'objet est de rendre, par le secours des signaux, avec une célérité inconnue jusqu'à présent, tout ce qui peut faire le sujet d'une correspondance. Vous en avez renvoyé l'examen à votre Comité d'instruction publique; le résultat que je vous avais annoncé n'a point encore été constaté par vos commissaires, parce que je ne voulais pas seulement leur exposer une simple théorie, mais leur mettre des faits sous les yeux. J'ai en conséquence, fait construire en grand plusieurs machines nécessaires pour cette opération; j'en ai fait établir une à Belleville; deux autres allaient être terminées et placées, lorsque j'ai appris qu'un attroupement d'une partie des habitants de la commune de Belleville et des environs avaient brisé et détruit tous ces préparatifs, croyant qu'ils étaient destinés à servir les projets de nos ennemis; ils menacent dans ce moment mes jours, ainsi que ceux d'un citoyen habitant de Belleville, qu'ils soupçonnent d'avoir coopéré avec moi au placement de cette machine.

« Ces événements, Messieurs, me mettent dans l'impossibilité de faire l'expérience que j'avais promise, à moins que l'Assemblée ne me prenne sous sa sauvegarde spéciale, ainsi que les personnes nécessaires à l'exécution de cette expérience. Je m'engage à la mettre à exécution avant douze jours, si l'Assemblée veut seconder mon zèle, en m'accordant l'indemnité nécessaire aux réparations de mes machines, et surtout en prenant les mesures convenables pour ma sûreté et celle de mes coopérateurs. »

CONVENTION NATIONALE.

Rapport de Romme à la Convention nationale. — Succès des premières expériences officielles. — Rapport très favorable de Lakanal. — Adoption du télégraphe Chappe par la Convention. — Établissement de la première ligne télégraphique de Paris à Lille. — Lenteur des travaux et correspondances y relatives. — Nouvelle de la reprise du Quesnoy sur les Autrichiens apportée par le télégraphe et annoncée par Barère à la Convention. — Reprise de Condé annoncée par Carnot. — La Convention décrète la construction de la ligne de Paris à Landau et le prolongement de la ligne du Nord jusqu'à Ostende et Bruxelles.

La Convention qui avait succédé à l'Assemblée législative le 21 septembre 1792, renvoya, le 15 octobre suivant, la pétition de Chappe au Comité d'instruction publique; mais par suite des graves événements politiques qui absorbèrent l'attention du gouvernement, cette pétition resta longtemps dans les cartons.

Ce fut seulement le 1er avril de l'année suivante, que Romme monta à la tribune de la Convention et donna lecture du remarquable rapport suivant :

« Dans tous les temps on a senti la nécessité d'un moyen rapide et sûr de correspondre à grandes distances. C'est surtout dans les temps de guerre de terre et de mer qu'il importe de faire connaître rapidement les événements nombreux qui se succèdent, de transmettre des ordres, d'annoncer des secours à une ville, à un corps de troupes qui serait investi. L'histoire renferme le souvenir de plusieurs procédés conçus dans ces vues, mais la plupart ont

été abandonnés comme incomplets et d'une exécution trop difficile. Plusieurs mémoires ont été présentés sur ce sujet à l'Assemblée législative et renvoyés au Comité d'instruction publique : un
seul a paru mériter l'attention.

« Le citoyen Chappe offre un moyen ingénieux d'écrire en l'air
en y déployant des caractères très peu nombreux, simples comme
la ligne droite dont ils se composent, très distincts entre eux, d'une
exécution rapide et sensibles à de grandes distances. A cette première partie de son procédé il joint une sténographie usitée dans
les correspondances diplomatiques. Nous lui avons fait des objections, il les avait prévues, et y répond victorieusement; il lève
toutes les difficultés que pourrait présenter le terrain sur lequel se
dirigerait sa ligne de correspondance; un seul cas résiste à ses
moyens : c'est celui d'une brume fort épaisse comme il en survient
dans le Nord, dans les pays aqueux, et en hiver; mais hors ce cas
fort rare qui résisterait également à tous les procédés connus, on aurait recours momentanément aux moyens ordinaires. Les agents
intermédiaires employés dans les procédés du citoyen Chappe ne
pourraient en aucune manière trahir le secret de sa correspondance,
car la valeur sténographique des signaux leur serait inconnue.
Deux procès-verbaux de la municipalité de la Sarthe attestent le
succès de ce procédé dans un essai que l'auteur en a fait, et permettent à l'auteur d'avancer avec quelque assurance qu'avec
son procédé, la dépêche qui apporta la nouvelle de la prise de
Bruxelles aurait pu être transmise à la Convention et traduite en
25 minutes. Vos comités pensent cependant qu'avant de l'adopter
définitivement, il convient d'en faire un essai plus authentique,
sous les yeux de ceux qui, par la nature de leurs fonctions, seraient le plus dans le cas d'en faire usage, et sur une ligne assez
étendue pour prendre quelque confiance dans les résultats. »

Dans la même séance, le décret suivant fut rendu sur la proposition de Romme :

Fig. 19. — Daunou, l'un des trois commissaires désignés par la Convention, pour suivre les expériences du télégraphe Chappe.

« La Convention nationale, après avoir entendu les Comités d'instruction publique et de la guerre sur un procédé présenté par le citoyen Chappe pour correspondre rapidement à de grandes distances,

« Décrète que le Conseil exécutif provisoire est autorisé à faire un essai de ce procédé, en prenant une ligne de correspondance assez longue pour obtenir des résultats concluants. Le Comité d'instruction publique nommera trois de ses membres pour en suivre les opérations. Pour les frais de cet essai, il sera pris une somme de six mille francs sur les fonds libres de la Guerre. »

Ces commissaires furent nommés par décret du 6 avril 1793.

On désigna les représentants Lakanal, Daunou et Arbogast.

Chappe, appelé devant la commission pour y développer ses plans, trouva un défenseur énergique en Lakanal qui, avec sa vaste intelligence, pressentit l'immense avenir d'une telle découverte; mais il ne fut pas aussi heureux vis-à-vis des deux autres commissaires qui opposèrent une résistance acharnée aux idées de l'inventeur. Cambon, membre de la commission des finances, appelé également à donner son avis, se joignit aux opposants.

Loin de se rebuter, Lakanal prit hautement sous sa protection le malheureux Chappe qui, désespéré, était prêt à abandonner son projet, et, avec la haute autorité qui s'attachait à son nom, il finit par faire comprendre à ses collègues l'intérêt qu'il y avait à procéder à des expériences décisives.

Chappe se remit énergiquement à l'œuvre; il construisit une véritable ligne télégraphique de 35 kilomètres avec trois stations : Ménilmontant (lac Saint-Fargeau), Écouen et Saint-Martin du Tertre, mais il obtint d'abord de la Convention le décret de protection suivant :

« Du 2 juillet 1793.

« La Convention nationale,

« Ouï le rapport de ses commissaires nommés par le décret

du 6 avril dernier pour vérifier l'expérience des signaux du citoyen Chappe,

« Ordonne aux maires, officiers municipaux et procureurs des communes de Belleville, d'Écouen et de Saint-Martin du Tertre, de veiller à ce qu'il ne soit porté aucun dommage aux machines du citoyen Chappe, de requérir à cet effet le service de la garde nationale et d'instruire les citoyens desdites communes que les expériences à faire par ce citoyen ont été ordonnées par le décret de la Convention nationale du 1ᵉʳ avril dernier. »

Les cruelles expériences du passé et la prudence la plus élémentaire avaient inspiré à Claude Chappe cette mesure de précaution.

Enfin le jour solennel arriva. C'était le 12 juillet 1793. Les membres de la Commission et un grand nombre de savants, d'artistes et d'hommes politiques assistaient aux expériences décisives, dont M. Gerspach a retracé la physionomie avec une précision saisissante.

Dans chaque poste se trouvaient deux *stationnaires*, — le mot date de cette époque, — l'un à la lunette, l'autre à l'appareil.

Chappe et ses frères, le vocabulaire à la main, étaient aux stations extrêmes.

Lakanal et Arbogast se rendirent à Saint-Martin du Tertre, Daunou resta à Ménilmontant.

A quatre heures vingt-six minutes, le poste de Saint-Martin du Tertre donna le signal *activité*, pour indiquer qu'il était en mesure. Aussitôt le poste de Ménilmontant commença la transmission de la phrase suivante : « Daunou est arrivé ici ; il annonce que la Convention nationale vient d'autoriser son Comité de sûreté générale à apposer les scellés sur les papiers des représentants du peuple. « Cette dépêche fut transmise en onze minutes.

De son côté, le poste de Saint-Martin du Tertre transmit en neuf minutes la dépêche qui suit : « Les habitants de cette belle contrée sont dignes de la liberté par leur amour pour elle et leur respect pour la Convention nationale et ses lois. » Les commissaires échangèrent ensuite une conversation qui fut rapidement transmise.

Ce fut un véritable triomphe pour Chappe qui émerveilla les commissaires et toutes les personnes présentes. Sa cause était définitivement gagnée.

Lakanal rédigea immédiatement son rapport, dont il donna lecture à la Convention dans la séance du vendredi 26 juillet, présidée par Danton.

« Depuis plusieurs années, dit Lakanal, le citoyen Chappe travaillait à perfectionner le langage des signaux, convaincu que, porté au degré de perfection dont il est susceptible, il peut être d'une grande utilité dans une foule de circonstances, et surtout dans les guerres de terre et de mer, où de promptes communications et la rapide connaissance des manœuvres peuvent avoir une grande influence sur le succès.

« Après une longue suite d'expériences, ce physicien laborieux est parvenu à former un nouveau système de signaux qui allient à la célérité des procédés la rigueur des résultats.

« Pour s'en former une idée exacte, il est nécessaire de décrire l'appareil dont il se sert.

« Son télégraphe est composé d'un châssis ou régulateur, qui forme un parallélogramme très allongé; il est garni de lames à la manière des persiennes, et ajusté dans son centre à l'extrémité de son axe. Ce châssis mobile supporte deux ailes dont le développement s'effectue en différents sens. L'arbre qui soutient le régulateur roule sur un pivot et est maintenu à la hauteur de dix pieds

Fig. 10. — Les commissaires de la Convention assistant à l'expérience du télégraphe de Chappe, faite le 12 juillet 1793, entre Ménilmontant et Saint-Martin du Tertre.

par des jambes de force. Le mécanisme est tel que la manœuvre s'en fait sans peine et avec célérité, au moyen d'une double manivelle, placée à hauteur convenable.

« L'analyse des différentes positions du télégraphe que je viens de décrire présente cent signaux parfaitement prononcés. Le tableau représentatif des caractères qui les distinguent compose une méthode tachygraphique que je ne pourrais développer ici sans ravir à son auteur une propriété, fruit de ses longues et pénibles méditations.

« La découverte que je vous annonce n'est pas seulement une spéculation ingénieuse; ses résultats ne laissent aucune équivoque sur la transmission littérale des différents caractères propres au langage des signes. »

Après avoir rendu compte des expériences du 12 juillet, Lakanal dit, aux applaudissements de l'Assemblée, qu'une dépêche ordinaire pourrait être transmise de Valenciennes à Paris en treize minutes quarante secondes.

Il concluait à l'adoption du projet, en rappelant que « les sciences et les arts, autant que les vertus des héros, avaient illustré les nations dont le souvenir se prolongeait avec gloire dans la postérité... Quelle brillante destinée, ajouta-t-il, les sciences et les arts ne réservent-ils pas à une République qui, par son immense population et par le génie de ses habitants, est appelée à devenir la nation enseignante de l'Europe! »

Les conclusions du rapport tendant à l'adoption du télégraphe Chappe furent approuvées et sanctionnées par la Convention qui chargea son Comité de salut public d'étudier quelles lignes il conviendrait d'établir tout d'abord sur le territoire de la République.

Claude Chappe reçut le titre d'ingénieur télégraphe aux appointements de cinq livres dix sous par jour, attribués aux lieutenants du génie. (Décret du 26 juillet 1793.)

La télégraphie était enfin définitivement et officiellement fondée : on a vu après combien d'efforts !

Sans doute, il avait fallu à l'inventeur une énergie peu commune et une entière confiance dans son œuvre pour ne pas avoir désespéré du succès, mais c'est aussi grâce à la persévérante bienveillance et au puissant appui qu'il avait trouvés chez Lakanal, qu'il put triompher de tous les obstacles.

Ajoutons que Chappe ne fut pas un ingrat; il ne manqua pas une seule occasion de témoigner toute sa reconnaissance à celui qu'il appelait son sauveur, son bienfaiteur.

Qu'on en juge plutôt par ces quelques lettres extraites de ses correspondances :

CHAPPE A LAKANAL. — « Vous levez tous les obstacles qu'on fait tant redouter de la part du Comité des finances si peu favorable à ce qui intéresse les sciences et les lettres; enfin, j'espère fortement en vous et n'espère qu'en vous. »

CHAPPE A LAKANAL. — « Je vous remercie bien sincèrement des consolations que vous me donnez; j'en ai réellement besoin. Quels hommes que ce Cambon et ce Monot! J'admire le courage et le calme que vous opposez à leurs mauvaises raisons, à leurs sorties injurieuses contre votre Comité. Les sciences ne pourront jamais acquitter les services que vous leur rendez. Je vous prie d'être bien persuadé que ma reconnaissance pour vous ne finira qu'avec ma vie. »

DU MÊME. — « Comment n'ont-ils pas été frappés de l'idée ingénieuse que vous avez développée et à laquelle je n'avais pas songé? L'établissement du télégraphe est, en effet, la meilleure réponse aux publicistes qui pensent que la France est trop étendue pour former une république. Le télégraphe abrège les distances et réunit en quelque sorte une immense population en un seul point.

« Il y a longtemps que, rebuté de toutes parts, j'aurais abandonné mon projet, si vous ne l'aviez pris sous votre protection. »

Du même. — « Je vous dois de nouveaux remerciements. Vous êtes inépuisable quand il s'agit de m'être utile. Je reçois l'arrêté du Comité qui met à ma disposition les fonds nécessaires pour un essai en grand.

« Je vais m'occuper des moyens d'exécution. Je serai très attentif à vous tenir au courant de toutes mes opérations; je prie mon créateur de recevoir l'hommage de sa créature, etc. »

Du même. — « Grâces vous soient rendues mille fois! Vous avez triomphé de tous les obstacles; que dis-je? vous les avez transformés en moyens; me voilà pleinement satisfait (1). »

L'avis du Comité de salut public ne se fit pas longtemps attendre. Un arrêté du 4 août 1793, pris sous l'inspiration de Carnot, décida l'établissement de deux lignes télégraphiques reliant Paris d'une part avec Lille, de l'autre avec Landau. Le télégraphe allait ainsi, dès son début, concourir à la défense nationale et devenir un instrument de guerre. Il ne faut pas perdre de vue, en effet, que la France, déchirée par la guerre civile à Lyon et en Vendée, envahie au nord par le prince de Cobourg soutenu par le duc d'York et le prince de Hohenlohe, à l'est par le roi de Prusse et Wurmser, sur les Alpes par les troupes austro-piémontaises, et au midi par les Anglais qui occupaient Toulon, était véritable-

---

(1) *Notice sur Lakanal*, par Emile Darnaud (1874). — *Lakanal*, par Marcus (Toussaint Nigoul); Marpon et Flammarion, éditeurs; Paris, 1879, p. 51, 52, 53.

ment entourée d'un cercle de fer et de feu. Le danger était im-

Fig. 21. — Lakanal, rapporteur du projet qui entraîna l'adoption, par la Convention, du télégraphe Chappe.

mense, mais l'énergie des mesures de défense prises par la Convention fut à la hauteur des circonstances.

Nous reproduisons ci-dessous le texte de l'arrêté du Comité de salut public :

« *Arrêté du Comité de salut public de la Convention nationale,* du 4 août 1793, l'an II° de la République française une et indivisible.

« Vu le mémoire du citoyen Chappe, ingénieur télégraphe, sur les moyens d'établir les machines de son invention et l'application que l'on en peut faire en exécution du décret du 26 du mois dernier,

« Le Comité de salut public, considérant qu'indépendamment des avantages que promet cette invention pour la célérité des correspondances, il en est un qui peut devenir précieux dans le moment actuel par la facilité des communications avec une ville qui serait assiégée,

« Arrête :

« 1° Que le Ministre de la guerre donnera sans délai des ordres nécessaires pour faire transporter et établir à Lille l'un des *télégraphes* qui ont été construits pour servir aux expériences, et un autre à Landau;

« 2° Qu'il donnera pareillement les ordres nécessaires pour établir le plus tôt possible les stations de correspondance les plus voisines de ces deux places;

« 3° Qu'il ordonnera de faire le placement des stations qui doivent former une ligne de correspondance de Lille à Paris et la construction des machines à y établir;

« 4° Qu'il nommera des hommes capables de diriger et surveiller les dites constructions, d'après les plans et devis qui leur seront remis par l'ingénieur thélégraphe, lesquels préposés seront chargés d'arrêter les mémoires des dépenses dont le montant sera payé sur les ordonnances du Ministre;

« 5° Que le Ministre de la guerre fera remettre incessamment au Ministre de l'intérieur un état des meubles et instruments qui seront nécessaires à l'établissement des dites stations, tels que : pendules, télescopes, lits, tables et autre effets à l'usage des stationnaires, pour qu'à la vue des dits états, le Ministre de l'intérieur donne de sa part les ordres nécessaires pour se faire rendre compte de ceux des dits instruments et meubles qui peuvent être à la disposition de la Nation et en ordonnera de suite la remise aux préposés à l'établissement des dites stations.

« *Signé:* Couthon, Barère, Hérault, Saint-Just, Thuriot, Robespierre aîné. »

En exécution de cet arrêté, le Ministre de la guerre, Bouchotte, désigna comme commissaire du Gouvernement près les télégraphes, le citoyen Garnier, avec mission de surveiller l'établissement des postes télégraphiques et de contrôler les dépenses.

Garnier fut confirmé dans ses fonctions par un arrêté du Comité de salut public en date du 25 août 1793, qui affecta une somme de 166.240 livres à la construction de 16 stations télégraphiques et adjoignit à Claude Chappe ses deux frères Pierre et Ignace, et Prosper de Launay, l'auteur du vocabulaire.

Claude Chappe se réserva plus spécialement la partie mécanique de l'entreprise, mais il se trouva vite arrêté par l'impossibilité de se procurer les fers et autres métaux nécessaires à l'installation des postes. Il dut s'adresser au Comité de salut public qui l'autorisa, par l'arrêté suivant, à acheter ces différents objets :

« Du 19 septembre 1793.

« Sur la représentation du citoyen Chappe qu'il se trouve arrêté dans l'exécution de sa machine télégraphique par le défaut de fers, lesquels sont actuellement en réquisition, le Comité de salut public de la Convention nationale autorise le citoyen Chappe à acheter trois milliers de fers, trente bottes de gros fil de fer et douze cents livres de fil de laiton. »

Quant aux collaborateurs de Chappe, ils furent exclusivement chargés de la construction de la ligne. Le Comité de salut public facilita leur mission dans toute la mesure du possible, comme on peut en juger par l'arrêté suivant :

« *Extrait du registre des arrêtés du Comité de salut public de la Convention nationale* du 24 septembre 1793, l'an II° de la République française une et indivisible.

« 1° Le citoyen Chappe est autorisé à placer les machines télégraphiques sur les tours, clochers et emplacements qu'il a choisis pour leur établissement et à y faire tous les ouvrages et constructions nécessaires, même faire abattre les arbres qui pourroient gêner la direction de la vue d'une machine à l'autre; les propriétaires tant des terreins (*sic*) sur lesquels les machines seront posées que des arbres qu'il sera nécessaire d'abattre et qui appartiendroient à des particuliers seront indemnisés, savoir : pour les arbres, d'après l'estimation de leur valeur, et pour les *terreins*, d'après la fixation du *loier* de chaque portion occupée par la machine; ces estimations seront faites par deux experts, dont l'un sera nommé par la municipalité du lieu et l'autre par les propriétaires, le tout en présence du préposé à la surveillance de l'établissement de la machine télégraphique, qui pourra faire à ce sujet toutes réquisitions nécessaires.

« 2° Le Ministre de l'intérieur donnera sans délai les ordres nécessaires pour que les municipalités des lieux où seront placées les machines veillent à leur conservation par tous les moyens qui sont en leur pouvoir, et procurent au citoyen Chappe les ouvriers et matériaux dont il pourroit avoir besoin.

« Pour hâter les constructions des machines télégraphiques, le Ministre de la guerre donnera, s'il est nécessaire, les ordres pour mettre en réquisition les ouvriers dont pourroit avoir besoin le citoyen Chappe.

« *Signé au registre :* HÉRAULT, BILLAUD-VARENNES, PRIEUR (de la Marne), CARNOT, BARÈRE, ROBESPIERRE.

« Pour extrait conforme : *signé :* B. BARÈRE, HÉRAULT, CARNOT, Jean BON SAINT-ANDRÉ, ROBESPIERRE, PRIEUR (de la Marne), BILLAUD-VARENNES, COLLOT-d'HERBOIS. »

Le Comité de salut public adressa, en outre, des instructions dans le même sens aux diverses municipalités des pays traversés, pour les inviter à prêter aide et protection aux agents chargés de la construction. Mais les matériaux manquaient aussi bien que la main-d'œuvre ; les moyens de transport faisaient également défaut, les chevaux ayant été réquisitionnés pour l'armée. On s'explique dès lors aisément la lenteur des travaux.

Claude Chappe lui-même ne rencontrait pas moins de difficultés à Paris, pour la construction des machines. Son plus jeune frère, Abraham, avait été, dès le 9 août, envoyé à Lille, pour s'y enfermer en cas de siège et construire des télégraphes autour de cette place.

La correspondance qui s'établit entre les deux frères est curieuse à plus d'un titre.

Voici, par exemple, une lettre du 16 novembre 1793, dans laquelle Abraham expose à son frère la situation lamentable où il se trouve à Lille, par suite du manque d'argent. Cette lettre est adressée : « Au citoyen Chappe, quai d'Orçay, au bout du pont de la Liberté, au coin de la rue du Bacq, à Paris. »

« Si sous quatre jours, mon cher ami, après la réception de ma lettre, je ne reçois pas au moins 1.200 livres, somme dont j'ai besoin, tant pour payer le restant du quartier qui est dû aux agents que pour acquitter les 400 livres que la nécessité dans laquelle je me trouvais m'a forcé d'emprunter, soit pour payer les ouvriers qui ont achevé la maisonnette, soit pour payer les différentes choses marquées sur le mémoire ci-joint, soit enfin pour payer les repas que je suis forcé de prendre à table d'hôte, faute d'avoir quelques avances devant moi, qui me mettraient dans le cas de prendre une pension pour trois mois, ce qui reviendrait à bien meilleur marché, les moyens que j'emploierai pour me procurer cette somme te surprendront sans doute, car je puis t'assurer que je mettrai en gage le télescope pour 600 livres que je m'engagerai à rendre au bout de dix jours, sans quoi le télescope appartiendra au citoyen avec lequel j'aurai fait le marché. Je sais que tu pourras le ravoir quand tu voudras pour la somme qu'il m'aura donnée, cependant ce ne sera pas sans éclat. Mais non, ce n'est pas cela que je ferai, car il ne faut pas que j'en agisse à ton égard plus mal que tu en agis envers moi. Je verrai s'il se trouvera encore quelque personne assez honnête pour me prêter 60 livres, ce qui sera suffisant pour faire le voyage de Paris. Là, je mettrai mes frères arbitres de ma conduite et de la tienne, je leur demanderai si tu dois me laisser dans un pays éloigné et où

Fig. 22. — Construction d'un poste télégraphique en 1793.

je n'ai aucune connaissance, sans argent et, qui plus est, sans avoir
toujours 100 pistoles de réserve pour pouvoir subvenir aux acci-

dents imprévus, comme par exemple une maladie, une chute, ce
à quoi je suis tous les jours exposé pour toi. C'est la maladie qui
vient de subvenir à Voulnier, et de laquelle je ne sais quand
il sera guéri, qui me fait faire cette réflexion; le pauvre jeune
homme, faute de n'avoir pas d'argent et moi de ne pouvoir lui
en prêter, ne peut se donner aucun des soulagements qui lui
seraient nécessaires (il est enflé par tout le corps, souffre beaucoup
et n'a pas de mouvements).

« Tu diras peut-être que tu ne nous as pas laissés sans argent
lorsque tu es parti de Lille; il est vrai, mais l'argent que tu m'a-
vais laissé ne pouvait pas suffire à nos besoins pendant cinq
semaines, puisque toi-même en partant tu me dis que tu reviendrais dans quinze jours et tout au plus tard dans cinq semaines.
Cependant en voilà six de passées depuis ton départ, et tu n'es
pas encore arrivé.

« Lorsque tu me donnas 260 livres pour subvenir à mes dépenses, je me trouvais content, parce que je croyais que tu reviendrais
dans quinze jours; je t'avoue même que je pouvais, en ménageant,
passer un mois avec cette somme, mais j'ai eu le malheur de perdre mon portefeuille, ce que tu croiras peut-être fabuleux, mais
que tous ceux qui m'entourent pourront attester; je l'ai fait publier par toute la ville et personne ne me l'a rendu; heureusement
qu'il n'y avait que 280 livres que j'avais prises le matin pour
payer les ouvriers...

« Il y a déjà beaucoup de mécontents dans la ville et surtout
au Comité de surveillance. Je ne serais point étonné des dénonciations contre toi.

« Je me réserve de t'en dire davantage lorsque je te verrai; ce
sera mercredi prochain, si je ne reçois pas avant quatre jours l'argent que je demande.

« Je t'ai écrit cinq lettres desquelles je n'ai aucune réponse, c'est très certainement négligence ou malveillance de ta part.

« Adieu...

« Abraham CHAPPE.

« 26 brumaire à Lille, chez le citoyen Python,
rue Croix-Sainte-Catherine, 904. »

Voici une autre lettre que Baron, l'un des collaborateurs d'Abraham Chappe, adressait à Claude Chappe le 10 pluviôse an II. Ce sont toujours les mêmes doléances sur l'insuffisance des ressources pécuniaires. On trouvera également dans cette lettre quelques indications sommaires sur la situation politique.

« Lille, 10 pluviôse an II (29 janvier 1794).

Baron à Claude Chappe.

« Citoyen, Saint-Just et Lebas, représentants du peuple, sont à Lille en ce moment. Il paroissent chargés d'une mission extraordinaire par rapport à cette ville frontière. Déjà ils viennent de prendre de grandes mesures.

« Il seroit possible que je sois appelé et questionné sur la machine télégraphique. Je vous prie de me faire mander sur-le-champ ce que je dois répondre et de m'envoyer des instructions sur cet objet.

« Vous comprendrez sans doute qu'il est intéressant de les satisfaire, dans le cas où ils demanderaient quelques éclaircissements.

« La ville est fort tranquille. On célèbre aujourd'hui l'anniversaire de la mort du tyran.

« J'attends une prompte réponse et j'espère que vous ne perdrez pas de vue ma pénible situation, et que ce n'est qu'à votre plus grand regret que vous me laissez *sans un sol* (*dans toute la force du terme*), car le secours que mon père m'a envoyé est absolument épuisé, en ayant employé la plus grande partie à apaiser en petite partie ma bourgeoise. Vous vous souviendrez que du 1ᵉʳ de ce mois il m'est échu 5oo liv., en suivant votre compte. Je vous prierai de rembourser dessus cette somme 15o liv. à mon père.

     « Salut et fraternité,

                      « Votre concitoyen : BARON.

     « Au citoyen Chappe, ingénieur télégraphe, quai d'Orçay, au bout du pont de la Liberté, au coin de la rue du Bacq, ou à un de ses frères en son absence, Paris. »

L'original de cette lettre porte l'annotation suivante de la main de Claude Chappe : *Répondu le 13 et recommandé de ne point faire agir les machines.*

Nous avons relevé au dos d'une lettre de Chappe à son frère, datée de Parvilliers le 27 pluviôse an II, la note ci-dessous indiquant l'emplacement des stations entre Lille et Paris :

État des postes de la correspondance télégraphique :

1° Belleville ;	9° Parvilliers ;
2° Écouen ;	10° Lihons ;
3° Saint-Martin	11° Gueuchy ;
4° Ercuis ;	12° Brevillers ;
5° Clermont ;	13° Thelus ;
6° Fouilleuse ;	14° Carvin ;
7° Beloy ;	15° Lille.
8° Boulogne ;	

L'impatience que nous avons précédemment constatée se trahit dans toutes les correspondances qui suivent, et que nous reproduisons avec la plus scrupuleuse fidélité et en respectant l'orthographe :

« Arras, 10 ventôse an II (28 février 1794).

« Je ne tiendrai pas à me rendre à Paris; Brunet restera à Arras, pour hâter les travaux relatifs aux machines; ce n'est qu'en se divisant que nous parviendrons à réaliser promptement un établissement qui doit faire époque dans la République; il serait bien beau de donner à la Convention nationale, au moyen des télégraphes, les premières nouvelles des succès que doivent avoir les armes de la République au commencement de cette campagne.

« Du courage et de la célérité.

« Ça ira et fort bien.

« CHAPPE, ingénieur. »

« Lille, 2 germinal an II (22 mars 1794).

« *Abraham Chappe à Claude Chappe.*

« Je sors dans ce moment de chez le représentant du peuple, il m'a reçu on ne peut plus honnêtement et m'a fait l'éloge de mon frère dont il fait un très grand cas; je lui ai demandé un local propre à l'instruction des agents secondaires, il m'a dit qu'à mon retour de Tétu, où je compte aller pour y faire placer de nouveaux coussins, je trouverois ceci tout prêts.

« Je t'avois marqué de m'envoyer un discours pour la Société populaire, parce que le représentant m'avoit dit qu'il soit absolument nécessaire de my présenter afin de lui donner quelques détails sur lutilité de la machine; il veut absolument que je mi présente le quintidi prochain, cest pour quoi je te prie de m'envoyer sur le champ ce que tu croies nécessaire, tant pour instruire la Société

de lutilité de la machine que pour lui donner le choix de 2 ou 3
agents, et la prier de vouloir bien détruire les craintes manifestés
par différentes personnes de la ville lorsque l'on met la machine
en mouvement. Je suis on ne peut plus fâché de l'indisposition de
mon frère, je désire de tout mon cœur que cela ne soit rien.

« Salut et fraternité. »

La lettre qui suit fait allusion à la bataille de Tourcoing : le
lecteur remarquera cet enthousiasme patriotique et cette impatience fiévreuse qui semblent être le fond du caractère d'Abraham !

« Lille, lo 1er prairial an II (20 mai 1794).

« *Abraham Chappe à Claude Chappe.*

« Tu connois sans doute la victoire que nous avons remportée
sur les Anglais. Plusieurs prétendent que le nombre de canons
que nous leur avons pris se monte à cent pièces de différents
calibres; je ne sais si c'est un peu exagéré, mais ce dont je suis
certain, c'est que j'en ai compté soixante, et une grande quantité de
quaissons; tu ne saurois croire la peinne que je ressens en voyant
que je ne puis annoncer d'aussi bonnes nouvelles par la voie des
thélégraphes. Mets y donc de l'activité, sans quoi tu me feras
bouillir le sang dans les veines. . . . .
. . . .

« J'aurois encore quelques ouvrages à faire à la Tour Saint-
Pierre, mais faute d'argent je ne puis rien faire.

. . . .

« Marque moi donc ce que tu fais pour mettre en activité toute
la ligne.

. . . .

Du même au même.

« Lille, 14 prairial an II (2 juin 1794).

« Je n'ajoute pas plus de foi, mon cher ami, à ce que tu m'écris dans ta dernière lettre, que je n'en ajouterai désormais à toutes

Fig. 23. — Claude Chappe.

celles que tu pourras m'écrire par la suite; tu ne trouveras pas mauvais que toujours trompé, je perde enfin patience; et que pour m'excuser auprès du public qui me montre au doigt dans les rues, je rejette sur toi une faute qui t'es personnelle, puisque toi seul peut mettre en activité la ligne, qui par elle-même ne présente

aucuns empêchements, mais que ton peu d'activité et tes distrac-
tions ordinaires entravent.

« Si comme tu me le marques, tu connois bien mon impatience,
tu me pardonneras facilement un reproche fondé sur les fausses
joies que tu me procures tous les jours, soit en m'annonçant l'arrivée de (mot illisible), soit en m'écrivant que sous peu nous entre-
rons en activité.

« Tu sais que je n'aime pas à faire des avances aux agents, mais
aussi j'aime beaucoup à leur payer ce que je leur dois, et le 25 de
ce mois, je leur devrai un mois.

. . . .

« Écris-moi désormais la vérité, toute la vérité, rien que la
vérité. »

                          « 19 prairial an II (7 juillet 1794).

« *Abraham à Claude Chappe.*

« Tu ne saurais croire dans quelle situation m'a jetté ta dernière
lettre. Je ne sai plus que dire, je ne sai que faire. Enfin après
m'être donné tant de mal je suis tout prets à abandonner la
télégraphie : il est donc vrai que nous ne serons pas en activité
avant un mois. Je ne puis concevoir cela et je suis tenté de
croire que cette découverte n'est point vue du Comité. »

Nous devons rappeler ici que dès le 14 prairial an II (2 mai
1794), le Comité de salut public avait prescrit à Claude Chappe
de faire « établir sans délai une machine télégraphique sur la montagne de Montmartre et une sur le dôme au-dessus du grand
escalier du Louvre ».

D'autre part, le Gouvernement avait intérêt à ce que la ligne de Paris à Lille fût promptement inaugurée. Aussi le Comité de salut public donna-t-il, le 16 juillet, des instructions très pressantes à Claude Chappe par l'arrêté qui suit :

Arrêté du Comité de salut public du 28 messidor an II (16 juillet 1794).

« Le Comité de salut public,

« Arrête que le citoyen Chappe est autorisé à établir sans délai la communication entre Lille et Paris par le moyen des télégraphes, afin de donner aux agens employés au service de ces machines la faculté de s'exercer aux manœuvres qu'il exige; à la charge néanmoins par le citoyen Chappe, ou celui qui sera préposé par lui, de se présenter avant tout au représentant du peuple Florent Guyot, actuellement à Lille, pour prendre ses ordres.

« Signé au registre : Billaud-Varenne, A. Couthon, Collot d'Herbois, R. Lindet, Robespierre, C.-A. Prieur, Carnot, Barère, Jean Bon Saint-André.

« Pour extrait,
« Saint-Just; C.-A. Prieur. »

Dans la lettre suivante, datée du 28 thermidor, Abraham signale à son frère Claude les imperfections qu'il a constatées dans la transmission des signaux :

« Lille, 28 thermidor an II (15 août 1794).

« *Abraham à Claude Chappe.*

« Sans doute, mon cher ami, que tu t'impatientes beaucoup,

lorsque après avoir donné ta transmission, tu attends quelquefois une heure et demie avant que de recevoir le signal de perfection. Mais c'est un inconvénient qui existera toujours tant que nous serons obligés de porter au représentant les dépêches du Comité de salut public et que lui de son côté mettera autant de temps pour la traduire; dernièrement encore je lui ai porté une transmission qu'il a traduite en donnant audiance à tous ceux qui lui demandoient la parole, de manière qu'après avoir pris connaissance de deux séries, il étoit quelque fois un grand quart d'heure avant que de passer à la troisième.

« Tu vois donc que si tu ne prends pas des mesures pour faire disparoître ces très grands inconvénients qui ôtent à tes signaux toute la célérité qui en fait la base, tu ne tireras aucune partie de la ligne. » . . . .

. . . .

Deux jours après, le 30 thermidor (17 août), Abraham écrivait à Chappe la lettre qu'on va lire et sur laquelle nous croyons devoir appeler tout spécialement l'attention du lecteur :

« Lille, 30 thermidor an II (17 août 1794).

« *Chappe à Chappe.*

« Les suspensions résultant du dérangement des machines sont bien terribles : il n'est presque pas de séance où elles ne se renouvellent. Elles arrivent précisément au moment où l'on a à transmettre les choses les plus importantes. Avant hier Florent Guiot avait annoncé au Comité la reddition du Quesnoy et l'avoit prévenu qu'attendu le décret qui rappelle les députés en mission depuis six mois, il partiroit ce matin de Lille pour se rendre à Paris. Il auroit effectivement parti sans quelques lambeaux de la transmission d'hier qui m'ont fait deviner que le Comité l'engageoit à rester à Lille jusqu'à l'arrivée de son successeur. Je m'attendois à recevoir ce matin la confirmation de ce que j'avois deviné hier. Le brouillard ce matin et les ondulations à neuf heures n'ont pas permis de communiquer. Juge combien il eut été désagréable que Florent Guiot eut parti quoique le Comité l'eut invité de rester ! Je suis très faché de l'invitation du Comité du salut public... »

Chappe se plaint de l'inexpérience des agents, puis il ajoute :

« Juge combien tout cela est désagréable dans un moment où les nouvelles vont pleuvoir de toute part, car il s'agit d'annoncer la reddition de l'Écluse, Valenciennes et Condé, etc., etc.

« *Grâce à mes soins le Quesnoy n'a pas échappé. Nous avons annoncé sa reddition dix heures avant que le courrier ait pu arriver à la Convention.*

« *Nous avions annoncé trois jours avant les offres faites à la garnison de se rendre à discrétion.*

« *Adieu.* »

D'après une légende universellement admise, la première dépêche transmise par le télégraphe Chappe contenait la nouvelle de la reprise de Condé sur les Autrichiens, que Carnot aurait annoncée à la Convention le 13 fructidor an II (1) (30 août 1794).

La lettre qu'on vient de lire détruit cette légende. On ne peut

---

(1) Par suite d'une nouvelle erreur, la plupart des historiens ont affirmé que Carnot avait lu à la Convention la dépèche annonçant la prise de Condé, dans la séance du 15 fructidor. Le fait s'est passé dans la séance du 13 fructidor an II (voir la *Gazette nationale* ou *Moniteur universel*, n° 345, du quintidi 15 fructidor an II, p. 1416.) Il y a eu évidemment confusion entre la date du *Moniteur* et la date de la séance.

plus conserver le moindre doute à cet égard, si l'on veut bien se reporter au compte rendu de la séance de la Convention du 3o thermidor an II (17 août) (1).

Dans cette séance présidée par Merlin de Douai, Barère parlant au nom du Comité de salut public, annonce en ces termes la nouvelle de la reprise du Quesnoy parvenue par le télégraphe :

« Citoyens, des quatre places livrées par la trahison à l'Autriche, la seconde vient de rentrer au pouvoir de la République. (On applaudit.) Nous avons annoncé, il y a quelques jours la reprise de Landrecies; aujourd'hui le Comité nous annonce la reprise du Quesnoy. (Nouveaux applaudissements.)

« ... Nous saisissons cette occasion, ajoute plus loin le même orateur, pour vous parler d'un établissement nouveau fait sous les auspices de la Convention nationale, *d'une machine par le moyen de laquelle la nouvelle de la reprise du Quesnoy a été portée à Paris il y a deux jours, une heure après que la garnison y est entrée.*

« Un moyen ingénieux inventé pour transmettre la pensée par un langage particulier, qui, se répétant de proche en proche, à des machines distantes l'une de l'autre de 4 à 5 lieues, et qui arrive en quelques minutes à des distances très éloignées, fait honneur aux lumières de ce siècle, et son exécution est votre ouvrage.

« L'essai de cette invention s'est fait l'année dernière en présence de commissaires nommés par la Convention. Sur le rapport avantageux qu'ils en firent, le Comité mit tous ses soins à établir par ce procédé une communication entre Paris et les places de la frontière du Nord, en commençant par la place de Lille.

(1) *Gazette nationale* ou *Moniteur universel*, supplément au n° du 1er fructidor an II, p. 1360.

« Près d'une année a été employée à réunir les instruments nécessaires à former les établissements des machines, à apprendre
aux hommes les manœuvres nécessaires à ce service.

« Aujourd'hui ce service est tellement monté, qu'on peut écrire
à Lille toute correspondance sur toutes espèces d'objets, exprimer
quelque chose que ce soit, même les noms propres, en recevoir
la réponse, et recommencer plusieurs fois le même jour.

« Ces machines qui sont de l'invention du citoyen Chappe, ont
été exécutées sous ses regards; c'est lui qui en conduit la manœuvre à Paris. »

Enfin, après avoir fait un long éloge de la découverte de
Chappe, Barère termine ainsi son discours :

« La récompense de cette invention pour les auteurs est dans
la mention que j'en fais à cette tribune (1), comme la plus douce
récompense de l'armée qui a fait le siège du Quesnoy est dans
le décret que le Comité vous propose. »

Sur la proposition de l'orateur, la Convention décrète que les
troupes qui ont fait le siège du Quesnoy ont bien mérité de la
patrie.

Ce décret fut transmis par le télégraphe à l'armée du Nord.

Les chaudes et réconfortantes paroles de Barère durent aller
droit au cœur de Claude Chappe et lui faire oublier bien des

(1) Cette phrase inspira les réflexions suivantes à de Launay, qui écrivit à Ignace
Chappe.

« J'ai lu avec plaisir et intérêt pour ton frère et puis pour nous qui l'avons secondé,
le rapport de Barère sur la correspondance télégraphique. Malgré que la mention
qu'il en a faite à la Convention suffit pour récompense à ses auteurs, n'oublies pas
de réclamer l'indemnité qui nous est justement due; dans tous les cas, nous par-
tagerons notre bonne ou mauvaise fortune. »

Nous pouvons ajouter que l'arrêté du Comité de salut public en date du 15 fructidor donna satisfaction au désir exprimé par de Launay.

heures d'amertume et de désespérance! Aussi la séance du 30 thermidor an II nous paraît-elle être autrement importante, au point de vue de l'histoire de la télégraphie, que celle du 13 fructidor dont nous allons parler.

Presque dès le début de la séance du 13 fructidor an II (30 août 1794), le président de la Convention, Merlin de Thionville, donne la parole à Carnot, qui lit deux rapports de J.-B. Lacoste, représentant du peuple à l'armée du Nord, et du général Scherer, commandant l'armée devant Valenciennes, annonçant la capitulation de cette place.

Dans la même séance, Carnot monte de nouveau à la tribune pour faire part à la Convention de la dépêche relative à la reprise de Condé.

Nous transcrivons ici le compte rendu de cet incident d'après le *Moniteur* du 15 fructidor :

« CARNOT monte à la tribune. — On entend ces mots : *Condé est repris.* (Les plus vifs applaudissements éclatent et dans toutes les parties de la salle.)

« CARNOT. — Voici le rapport du télégraphe qui nous arrive à l'instant : *Condé être restitué à la République.* (Vifs applaudissements souvent répétés au milieu des cris de Vive la République!) *Reddition avoir eu lieu ce matin à six heures.* (Les applaudissements se renouvellent et se prolongent longtemps.)

« GOSSUIN. — Depuis trois jours, on nous occupe à la tribune de calomnies atroces et de diatribes dont j'espère qu'il sera fait justice aujourd'hui (Oui, oui, s'écrient un grand nombre de voix), Condé est rendu à la République, changeons le nom qu'il portait en celui de *Nord-Libre.*

« Cette proposition est décrétée sur-le-champ.

Fig. 24. — Poste télégraphique aérien inauguré devant Condé le 30 novembre 1794.

« Cambon. — Je demande que ce décret soit envoyé à Nord-Libre par la voie du télégraphe. (On applaudit.)

« Cette proposition est adoptée.

« Granet, de Marseille. — Je demande qu'en même temps que vous apprenez à Condé, par la voie du télégraphe, son changement de nom, vous appreniez aussi à la brave armée du Nord qu'elle continue de bien mériter de la patrie.

« Cette proposition est décrétée. »

Une dépêche conforme fut transmise aussitôt par le télégraphe à Lille et portée à l'armée du Nord par courrier extraordinaire.

Au cours de la même séance, la Convention fut informée télégraphiquement que le Décret parvenu à sa destination circulait déjà dans les rangs de l'armée ennemie qui avait été frappée de stupeur.

Le 12 vendémiaire suivant (4 octobre 1794) un arrêté du Comité de salut public ordonna l'établissement de la ligne de Paris à Landau. Claude Chappe qui, depuis la suppression des ministères et leur remplacement par douze commissions, avait cessé d'appartenir au ministère de la guerre pour être rattaché à la commission des travaux publics, fut chargé des travaux de construction. La ligne ne devait pas être achevée de si tôt : ce fut seulement sous le Directoire qu'elle put être terminée jusqu'à Metz et ensuite jusqu'à Strasbourg.

Nous avons vu par le rapport de Barère, que la télégraphie avait pris place au nombre des grands services publics. Le Comité de salut public voulut consacrer officiellement ce fait par une décision spéciale, qui fit l'objet de l'arrêté du 23 brumaire an III dont le texte suit :

« Du 23 brumaire an III (13 novembre 1794.)

« *Arrêté du Comité de salut public de la Convention nationale.*

Le Comité de salut public arrête que le citoyen Chappe, ingénieur télégraphe de la République, est autorisé à transmettre à Lille les nouvelles officielles données à la Convention nationale.

« Les membres du Comité de salut public :

« FOURCROY, J.-F.-B DELMAS, L.-B. GUYTON,

« CAMBACÉRÈS, CHARLES COCHON, RICHARD,

« PRIEUR (de la Marne). »

Chappe découragé par les difficultés et les obstacles de toute sorte qu'il avait rencontrés pour l'établissement de la ligne de Lille, désirait se consacrer exclusivement à la partie technique de la télégraphie et laisser à d'autres le soin de s'occuper des questions administratives. Il demanda donc les plus larges pouvoirs pour ses collaborateurs et, en vertu de l'arrêté du 12 frimaire an III (2 décembre 1794), ses deux frères Ignace et François Chappe lui furent adjoints pour diriger de concert avec lui l'établissement des machines télégraphiques. Il prit, lui-même, à partir de ce jour, le titre d'*ingénieur en chef*. En même temps, le siège de l'administration fut transféré de l'appartement particulier de Chappe à l'hôtel Villeroy, 9, rue de l'Université.

Le 8 floréal suivant (27 avril 1794), le Comité de salut public ordonna le prolongement de la ligne du Nord d'une part jusqu'à Ostende, de l'autre jusqu'à Bruxelles, à la suite de nos armées victorieuses. La ligne d'Ostende par Dunkerque avait été décrétée sur la demande de la marine qui prit à sa charge les frais de construction et d'entretien.

Enfin la Convention, sur le rapport de Rabaud Pommier, rendit, le 29 messidor an III, le décret suivant : « Il sera établi un télégraphe dans l'enceinte du Palais national, au pavillon de l'Unité, sans que son établissement puisse nuire à celui du tocsin national. »

La Convention se sépara le 4 brumaire an IV, et la nouvelle Constitution de l'an III fut mise en vigueur.

C'est à cette grande assemblée que nous devons la création de la télégraphie. Avec son grand sens pratique, elle comprit les services immenses que l'invention de Chappe était susceptible de rendre dans le présent et l'avenir. Il est vrai que, dans la pensée de Chappe, la télégraphie devait être non seulement un instrument politique, mais encore un moyen sûr et rapide de donner au commerce et à l'industrie de précieuses indications devant avoir pour effet d'augmenter la fortune publique. Cette question de la *télégraphie privée*, entrevue par Chappe, fit plus tard l'objet d'un mémoire qu'il présenta en nivôse an VII.

La Convention n'en a pas moins l'honneur d'avoir encouragé l'inventeur et doté la France d'une nouvelle institution qui a enrichi le patrimoine national.

DIRECTOIRE EXÉCUTIF.

Le Directoire ordonne l'établissement des lignes de Paris à Strasbourg, de Paris à Brest et de Paris à Lyon par Dijon. — Services rendus par la ligne de Strasbourg pendant la durée du congrès de Rastadt. —Correspondances télégraphiques échangées entre le Directoire et les plénipotentiaires français. — Dépêches officielles relatives à l'assassinat des plénipotentiaires.

La Constitution de l'an III (26 octobre 1795) avait confié le pouvoir exécutif à cinq directeurs et le pouvoir législatif à deux assemblées, celle des Anciens et celle des Cinq-Cents.

Par un arrêté du 21 brumaire an VI, le Directoire ordonna l'établissement de la ligne de Paris à Strasbourg.

Le service des télégraphes fut détaché du ministère de la guerre et placé, le 11 ventôse an VI, dans les attributions du ministère de l'intérieur; ce service ne comprenait alors que la ligne de Paris à Lille, l'embranchement de Lille à Dunkerque, la ligne de Paris à Landau et enfin celle de Paris à Brest que le ministère de la marine avait demandé à conserver dans ses attributions.

Cette dernière ligne, qui avait été construite en sept mois sur la demande du ministère de la marine, s'étendait sur une longueur de 87 myriamètres et comprenait 55 postes. Elle avait un embranchement sur Saint-Malo.

Ce fut en nivôse an VII, que Chappe remit au ministre de l'intérieur un mémoire tendant à créer une télégraphie privée. Il n'entrait nullement dans la pensée du Directoire, pas plus que dans celle des autres gouvernements qui suivirent, d'abandonner les avantages politiques de l'institution. Aussi le projet de Chappe ne reçut-il aucune suite. Peu de temps après, le Directoire ordonna l'établissement d'une ligne dirigée sur le midi, par Dijon et Lyon.

Après la conclusion du traité de Campo-Formio (17 octobre 1797), qui excita en France le plus vif enthousiasme en faveur du général Bonaparte, le Directoire désigna ce dernier pour représenter la France au congrès réuni à Rastadt pour débattre les conditions de la paix à conclure avec l'Autriche.

Bonaparte quitta Milan le 17 novembre pour se rendre à Rastadt, où il rencontra M. de Cobentzel, principal plénipotentiaire autrichien, et les deux autres représentants français, Bonnier et Treilhard. Après avoir échangé les ratifications du traité de Campo-Formio et repoussé comme une offense à la République française la présence de Fersen, envoyé de Suède, il se hâta de faire exécuter l'évacuation de Mayence, Philisbourg, Ulm et Ingolstadt par l'Autriche, puis laissant le reste à faire aux deux autres plénipotentiaires français, il repartit en poste pour Paris, où il arriva le 5 décembre.

Les négociations se prolongèrent fort longtemps par suite des récriminations de l'Autriche, accrues encore par le départ de Bonaparte qui l'avait accablée de revers si rapides.

Le Directoire qui avait le plus grand intérêt à se tenir en relations avec les plénipotentiaires français, avait prescrit d'urgence la construction de la ligne télégraphique de Strasbourg, précédemment autorisée; cette ligne, comprenant 46 postes répartis sur une longueur de 60 myriamètres, fut achevée en quelques mois. Les dépêches étaient transmises par le télégraphe entre Paris et Strasbourg, et par courriers extraordinaires entre Strasbourg et Rastadt.

Nous reproduisons ci-dessous les communications qui furent

échangées entre le Directoire et nos trois plénipotentiaires, Bonnier, Jean Debry et Roberjot. (Ces deux derniers avaient remplacé Treilhard, nommé directeur, et Bonaparte.)

D'après les ordres du Directoire en date du 19 frimaire an VII 9 décembre 1798), un bulletin télégraphique faisant connaître les succès remportés par nos troupes sur les armées napolitaines, est transmis sur toutes les lignes télégraphiques. Il est prescrit au directeur du télégraphe, à Strasbourg, d'adresser ces nouvelles par courrier extraordinaire à nos plénipotentiaires à Rastadt.

Le 13 pluviôse an VII (1ᵉʳ février 1799), le président du Directoire, la Réveillère-Lépaux, fait annoncer par télégraphe aux plénipotentiaires que Mack et son état-major ont été obligés de se rendre au général Championnet.

Quelques jours après, le 19 pluviôse (7 février), la Réveillère-Lépaux leur donne avis de la défaite définitive des troupes napolitaines et de l'entrée de l'armée française à Naples, où la République a été proclamée.

La proclamation du général Masséna aux Grisons est communiquée le 22 ventôse an VII (12 mars 1799), aux plénipotentiaires, avec prière d'en donner connaissance à la députation de l'Empire.

Le lendemain, 23 ventôse, Barras, président du Directoire, transmet aux plénipotentiaires la dépêche suivante :

« Après plusieurs escarmouches, il y a eu sur le territoire des Grisons une affaire considérable où la victoire est restée fidèle aux républicains.

« Cinq mille Autrichiens et un général ont été faits prisonniers. Vingt-quatre pièces de canon et six drapeaux sont restés au pouvoir des Français. »

Par une lettre du 15 germinal an VII (4 avril 1799), qui leur est adressée de Strasbourg par le général Jourdan, les plénipotentiaires apprennent que l'armée de Moreau se voit forcée d'opérer sa retraite sur le Rhin. Cette nouvelle leur donne le pressentiment du danger qui les menace et ils s'empressent d'envoyer par un courrier extraordinaire, au directeur du télégraphe de

Fig. 25. — Barras; d'après un document du temps.

Strasbourg, la dépêche suivante demandant des instructions au Ministre des relations extérieures.

« Citoyen Ministre,

« Le général en chef Jourdan nous écrit de Strasbourg en date d'aujourd'huy qu'il vient de recevoir l'avis du général Ernouf que l'ennemi ayant percé par un des principaux points de notre ligne, l'armée se voit forcée à faire sa retraite sur le Rhin; il ajoute que ce mouvement exposera immanquablement le congrès à l'autorité de l'archiduc. — Veuillez nous donner vos ordres.

« Salut et respect.

Signé : « Bonnier, Jean Debry, Roberjot. »

Talleyrand répondit par estafette à cette communication.

Voici maintenant la dépêche annonçant au Directoire la dissolution virtuelle du congrès de Rastadt :

« Rastadt, le 18 germinal an VII de la République française (7 avril 1799).

« *Les ministres plénipotentiaires de la République française au congrès de Rastadt, au directeur du télégraphe.*

« Veuillez, citoyen, transmettre sur-le-champ, par le télégraphe, au Ministre des relations extérieures, ce qui suit :

« Rastadt, le 18 germinal an VII, à 4 heures après midi.

« Citoyen Ministre,

« M. de Metternich a reçu de Vienne un décret de commission « impériale portant :

« 1° Que S. M. l'empereur ne prend plus aucune part à ce qui « se fait au congrès de Rastadt;

« 2° Qu'il révoque toute adhésion et sanction donnée jusqu'à « présent en son nom, par son ministre plénipotentiaire, aux actes « du congrès;

« 3° Qu'il rappelle son ministre plénipotentiaire au congrès.

« La députation va se regarder comme dissoute. Que devons- « nous faire?

Signé : « Bonnier, Jean Debry, Roberjot. »

« Vous voudrez bien nous accuser la réception de cette lettre et
nous faire part de la transmission au Ministre.

« Salut et fraternité.

« BONNIER, Jean DEBRY, ROBERJOT. »

La situation devient de plus en plus menaçante pour les représentants de la France, comme on peut en juger par les dépêches
qui suivent :

« Rastadt, le 1er floréal an VII de la République française (20 avril 1799).

« *Les ministres plénipotentiaires de la République française
au congrès de Rastadt, au directeur du télégraphe.*

« Nous vous prions, citoyen, de transmettre, par la voie télégraphique, au Ministre des relations extérieures, ce qui suit :

« Rastadt, le 1er floréal an VII.

« Citoyen Ministre,

« Une patrouille autrichienne s'est rendue hier matin à Plitters-
« dorf, vis-à-vis de Selz, seul passage de communication pour nos
« courriers, a coupé la corde qui retenait le bac en l'abandonnant
« au courant du Rhin et a emmené prisonniers les paysans fran-
« çais faisant le service de pontonniers. Nous avons dénoncé cette
« violation à la députation. Nous sommes actuellement sans voie
« sûre de correspondance ; nous attendons la direction que vous
« nous donnerez.

« Salut et respect.

Signé : « BONNIER, Jean DEBRY, ROBERJOT. »

« Recevez notre salut fraternel.

« BONNIER, Jean DEBRY, ROBERJOT. »

« Rastadt, le 3 floréal an VII (22 avril 1799) dix heures du soir.

« *Les ministres plénipotentiaires de la République française au congrès de Rastadt*, au citoyen directeur du télégraphe à Strasbourg.

« Nous vous envoyons, citoyen, un courrier extraordinaire. Veuillez ne pas perdre un instant pour transmettre au Ministre des relations extérieures la note cy-jointe ainsi que celle que nous vous avons fait passer aujourd'hui par le courrier La Croix. Notre courrier ne reviendra qu'avec la réponse du Ministre, il l'attendra; pressez-la, occupez-vous exclusivement de cet objet; il importe que nous ayons cette réponse dans le plus bref délai. Faites repartir le courrier aussitôt que vous la lui aurez remise.

« Salut et fraternité,

« BONNIER, Jean DEBRY, ROBERJOT. »

« Rastadt, le 3 floréal an VII de la République française, 10 heures du soir (22 avril 1799).

« *Les ministres plénipotentiaires de la République française* « *au congrès de Rastadt*, au citoyen Talleyrand, ministre des « relations extérieures.

« Citoyen Ministre,

« Saxe et Wirzbourg sont rapellés (*sic*); Brême va l'être; l'Au-« triche s'est retirée; ainsi la députation se trouvant réduite à « moins de sept membres, se trouve par là dissoute d'après les « propres instructions de la Diète; cette considération, jointe au « contenu de la lettre du commandant autrichien, nous détermine « à faire la déclaration que vous nous avez prescrite, à moins « que vous ne nous donniez dans le jour un ordre contraire.

« Salut et respect,

« BONNIER, Jean DEBRY, ROBERJOT. »

La réponse à cette dépêche fut transmise de Paris à Strasbourg le 6 floréal. Elle était ainsi conçue :

« 25 avril 1799.

« *Le Ministre des relations extérieures aux ministres plénipotentiaires, à Rastadt.*

« Vous ne ferez cette déclaration que lorsque vous aurez été forcés de rentrer en France par violence. Elle ne sera faite que lorsque vous serez sur le territoire français.

« Bon à transmettre de suite par le télégraphe.

« Le Président du Directoire,

« BARRAS. »

Voici enfin une nouvelle dépêche, la dernière datée de Rastadt, qui ne laisse aucun doute sur les intentions de l'Autriche :

« Rastadt, le 3 floréal an VII de la République française (22 avril 1799).

« *Les ministres plénipotentiaires de la République française au congrès de Rastadt,* au directeur du télégraphe.

« Veuillez bien, citoyen, transmettre sur-le-champ, par la voie télégraphique, au Ministre des relations extérieures, ce qui suit :

« Rastadt, le 3 floréal, an VII.

« Citoyen Ministre,

« Le ministre directorial de Mayence vient de recevoir du com-
« mandant autrichien à Gernzbach une réponse dont voici la sub-
« stance :

« *Dans les circonstances actuelles, la sûreté des militaires exige*
« *des patrouilles à Rastadt et autour de cette ville ; je ne puis don-*

« ner aucune explication tranquillisante sur la sûreté du corps
« diplomatique, vu que Rastadt, par le rappel du plénipotentiaire
« impérial, n'est plus regardé par nous comme un endroit que la
« présence d'un congrès peut protéger contre des faits hostiles ;
« cette ville doit se conformer aux lois de la guerre. Hors le
« cas de nécessité de guerre, l'inviolabilité personnelle sera sa-
« crée à notre militaire.

Signé : « BARBACY, colonel.

« Salut et respect.

Signé : « BONNIER, Jean DEBRY, ROBERJOT. »

« Recevez notre salut fraternel,

« BONNIER, Jean DEBRY, ROBERJOT. »

La duplicité du gouvernement autrichien se trahit clairement
dans cette communication qui semble n'avoir eu d'autre but que
de pousser nos plénipotentiaires à s'éloigner de Rastadt et à se
jeter eux-mêmes sous les coups des soldats assassins qui les atten-
daient sur la route !

Ce crime odieux fut consommé dans la nuit du 9 au 10 floréal
(28 au 29 avril 1799).

Un seul jour avait été donné à nos trois représentants pour
quitter les murs de Rastadt. On leur refuse toute escorte. Ils
partent le même jour, 9 floréal, dans la soirée, accompagnés de
leurs familles et du ministre ligurien. Tout à coup, à 9 heures du
soir, soixante hussards du régiment de Szeklers, embusqués le
long du canal, s'élancent, le sabre nu, au-devant des voitures, de-
mandent à haute voix les ministres français et les frappent lâche-
ment. Bonnier et Roberjot expirent.

Debry, seul des trois, quoique grièvement blessé, parvient à s'échapper et à rentrer à Rastadt, où il se place sous la protection des plénipotentiaires des autres puissances restés encore dans cette ville.

Jean Debry quitte une seconde fois Rastadt avec une escorte

Fig. 16. — Assassinat des plénipotentiaires français à Rastadt; d'après la gravure de Duplessis-Bertaux.

qu'on a bien voulu lui donner, et quelle escorte! C'étaient ces mêmes hussards de Szeklers, mais auprès d'eux marchaient les hussards de Bade prêts à repousser énergiquement toute violence de la part des Autrichiens.

Enfin Debry arrive aux bords du Rhin le 11 floréal; il baise la terre française dans un élan patriotique.

L'affreuse nouvelle fut transmise de Strasbourg à Paris par le télégraphe. Voici les dépêches relatives à cet événement précédées d'une lettre écrite à Chappe par le général Laroche, commandant à Strasbourg.

« Du 11 floréal au matin (3o avril).

« Veuillés, citoien directeur, transmettre de suite à Paris la dépê- che ci-jointe. Vous frémirez d'horreur en la lisant. Quels monstres que les Autrichiens! nos ministres seront vengés, mais la France déplorera longtemps la perte qu'elle vient de faire.

« Salut et fraternité.

« LAROCHE. »

« Du 11 floréal au matin (3o avril 1799).

« Nos ministres viennent d'être assassinés par les Autrichiens
« à un quart de lieue de Rastadt.

« Bonnier et Roberjot n'existent plus. Jean Debry s'est sauvé
« par miracle. Il est à Strasbourg depuis ce matin. Cet événement
« présente des horreurs inouïes et telles que l'histoire n'en offre
« point de pareilles.

« Le général LAROCHE. »

La deuxième dépêche fut adressée à Talleyrand par le survi- vant, Jean Debry.

« Strasbourg, le 11 floréal an VII de la République française.
(3o avril 1799).

« *Le ministre plénipotentiaire de la République française au congrès, au citoyen Talleyrand, ministre des relations ex- térieures.*

« Citoyen Ministre,

« Je suis arrivé hier avec les débris de la légation française. Je suis couvert de plaies; mes deux collègues sont tués par les Szeklers autrichiens. Cette affreuse catastrophe eut lieu au moment de notre départ de Rastadt; le secrétaire de la légation a partagé nos dangers et n'est échappé comme moi que par un prodige inconcevable. Demain je vous transmettrai les détails par le courrier.

« Salut et respect.

« Jean DEBRY. »

Le 13 floréal (2 mai), Barras demande des renseignements et des détails sur cet assassinat; le 18, il réclame un bulletin quotidien par télégraphe, sur l'état des survivants.

Le 24 floréal (13 mai), Jean Debry, remis à peine de ses blessures, quittait Strasbourg pour se rendre à Paris. — Du 11 au 24 floréal, un bulletin de sa santé était transmis chaque jour par télégraphe au gouvernement.

Debry assistait, le 20 prairial suivant (8 juin), à la cérémonie funèbre qui eut lieu au Champ-de-Mars, en mémoire de Bonnier et de Roberjot. Cette cérémonie avait été prescrite dans toute l'étendue du territoire par la loi du 22 floréal an VII, « comme une protestation solennelle de la nation entière contre l'horrible attentat dont la maison d'Autriche s'était rendue coupable » .

CONSULAT.

Voici le texte officiel de la dépêche télégraphique qui fut transmise sur toutes les lignes pour annoncer le coup d'État du 18 brumaire (9 novembre 1799).

« *Dépêche télégraphique pour toutes les lignes de transmission.*

« Le Corps législatif vient d'être transféré à Saint-Cloud en vertu des articles 102 et 103 de la Constitution; le général Bonaparte est nommé commandant de la force armée de Paris.

« Tout est parfaitement tranquille et les bons citoyens sont contents.

« Le citoyen Chappe est chargé de transmettre cette dépêche sans retard.

« Fait au conseil des Anciens ce 18 brumaire de l'an VIII de la République.

« SIEYÈS, ROGER-DUCOS. »

Nous reproduisons également ci-dessous le projet de bulletin télégraphique qui fut soumis aux Consuls par Chappe, le 20 brumaire an VIII. Ce projet porte l'annotation suivante : La communication n'a eu lieu sur aucune des lignes, à cause du mauvais temps.

« Je vous prie de me faire savoir, citoyens Consuls, si je puis faire passer par les télégraphes la transmission suivante :

« Le Corps législatif a nommé un Consulat de trois membres, « en remplacement du Directoire. — Les membres du Consulat « sont les citoyens Sieyès, Roger-Duclos et le général Buonaparte.

« Le Corps législatif a nommé pareillement une commission

Fig. 27. — Sceau gravé en tête des dépêches sous le Consulat.

législative de 25 membres pris dans chaque Conseil et s'est ajourné au 1er ventôse prochain. »

« Salut et respect,

« CHAPPE. »

Réponse des Consuls.

« Le citoyen Chappe fera faire la transmission telle qu'il l'a conçue, en ajoutant que Paris est satisfait et que les fonds publics ont monté de 25 %.

« Le secrétaire général du Consulat : Hugues B. MARET.
« 21 brumaire an VIII. »

Le télégraphe fut d'un utile secours lors de la première campagne de 1800, pendant laquelle la France eut à lutter contre l'Angleterre, l'Autriche et une partie des États allemands. Tandis que Moreau opérait en Allemagne, à la tête de l'armée du Rhin, Lecourbe en Suisse et Masséna en Ligurie, Bonaparte, qui s'était réservé la conduite des opérations dans la haute Italie, franchit audacieusement les Alpes au Mont Saint-Bernard, marcha sur Milan, où il rétablit la République Cisalpine, et écrasa définitivement l'armée de Mélas dans les pleines de Marengo (14 juin 1800).

Dès qu'il eut connaissance de cette grande victoire, le Ministre de la guerre, Carnot, s'empressa d'en informer le général Moreau, en le prévenant qu'il eût à se tenir en garde contre un retour offensif des débris de l'armée de Mélas.

Voici la dépêche de Carnot :

« *Le Ministre de la guerre au général en chef Moreau,*
à l'armée du Rhin.

« A la suite d'une bataille mémorable, le 25, sous Alexandrie, 8.000 prisonniers, 40 pièces de canon sont tombés entre nos mains ; Mélas, en vertu d'une capitulation, se retire avec le reste de son armée derrière le Mincio. Il nous rend Gênes et toutes les places du Piémont et de la Lombardie.

« Comme il seroit possible que, pendant et à la suite de l'armistice qui a été conclu, l'ennemi fît passer rapidement des forces considérables vers le Tirol, tenez-vous sur vos gardes à cet égard.

« CARNOT.

« 2 messidor an VIII (21 juin 1800). »

Ainsi averti, le général Moreau redoubla de vigilance, battit les

Autrichiens dans toutes les rencontres et remporta sur eux la victoire décisive de Hohenlinden, qui lui ouvrait le chemin de Vienne.

Écrasée de toutes parts, l'Autriche se vit contrainte de demander la paix dont les conditions furent discutées au congrès de Lunéville.

On conçoit l'intérêt qu'avait le Premier Consul à pouvoir cor-

Fig. 28. — Allégorie placée en tête des dépêches officielles sous le Consulat

respondre rapidement avec les plénipotentiaires de la France. Aussi, dès le 4 vendémiaire, fit-il donner l'ordre à Chappe d'installer d'*urgence* une ligne télégraphique de Metz à Lunéville.

Cet embranchement fut rapidement construit, puisque treize jours après, le 17 vendémiaire, le Premier Consul donnait par télégraphe des ordres au général Clarke, à Lunéville, pour faire préparer les appartements du comte de Cobentzel, plénipotentiaire autrichien.

Par un arrêté du 28 brumaire an IX (6 octobre 1800), le service télégraphique fut rattaché à la division des ponts et chaussées placée dans les attributions du ministère de l'intérieur. Chaptal était ministre, et le conseiller d'État Cretet était alors chargé de la division des ponts et chaussées. A partir de ce moment, l'entretien de la ligne de Brest et de l'embranchement de Lille à Dunkerque ne fut plus à la charge du ministre de la marine.

Trois lignes étaient alors en fonctions, celle du Nord, celle de l'Est et celle de Bretagne; la ligne du Midi par Lyon était en construction, mais les travaux ne tardèrent pas à être suspendus pour être repris et terminés dans les premières années de l'Empire.

M. Gerspach explique de la manière suivante comment fut réalisée l'application de la télégraphie à la loterie nationale. Des bureaux clandestins, qui s'étaient établis en province, émettaient des billets dans l'intervalle de temps qui s'écoulait entre la clôture des bureaux officiels et la publication des numéros gagnants. Ces bureaux attiraient ainsi dans leurs caisses des sommes que les joueurs n'eussent pas manqué de verser dans les caisses de l'État pour le tirage suivant; or il était clair que, si la publication des numéros sortis pouvait avoir lieu en province le jour même du tirage à Paris, la spéculation fructueuse des offices particuliers se trouverait ainsi empêchée : le télégraphe pourrait donner plus de latitude pour combiner les mises et exciterait alors, disait Chappe, la cupidité des joueurs, qui prendraient plus de billets. Chappe n'évaluait pas à moins de plusieurs millions le bénéfice annuel que l'administration de la loterie devait tirer du concours de la télégraphie.

Nous ne connaissons pas, ajoute M. Gerspach, les chiffres des bénéfices que l'administration de la loterie réalisa, grâce à cette combinaison, mais il y a lieu de croire qu'elle fut satisfaite des résultats, car, pendant de longues années, elle subventionna la télégraphie, et telle ligne, celle de Strasbourg, par exemple, n'eut pendant longtemps d'autres ressources pour ses frais de service et d'entretien que les bons de loterie sur les caisses des départements.

Chappe avait également proposé au ministre d'étendre l'application de la télégraphie aux affaires d'industrie, de commerce et de banque. Son nouveau projet était beaucoup plus large que celui qu'il avait proposé au Directoire. Il rêvait un grand réseau européen qui aurait mis Paris en communication avec les principaux ports de l'Europe : Amsterdam, Cadix et Londres, par exemple. Chappe prétendait posséder un moyen de correspondre de Calais à Douvres *secrètement et sans signal apparent.*

Cette proposition fut jugée irréalisable, aussi bien que son idée de fonder un journal officiel imprimé à Paris et transmis par la poste dans les départements, où il aurait été ensuite complété par un bulletin télégraphique expédié chaque matin de Paris et donnant le résumé des nouvelles du jour. Le bulletin aurait été préalablement soumis à l'approbation du Premier Consul.

On voit par là que Chappe se préoccupait constamment de perfectionner son œuvre qu'il jugeait encore incomplète tant qu'elle servirait exclusivement au Gouvernement. La télégraphie électrique pouvait seule réaliser le programme de Chappe, mais il est juste de rendre hommage à l'esprit de progrès et d'initiative qui le poussait sans cesse à rechercher de nouvelles réformes.

EMPIRE.

Recherches d'un système de télégraphie de nuit ordonnées par Napoléon, en vue de la descente en Angleterre. — Terreurs anglaises, d'après les journaux du temps. — Achèvement de la ligne de Paris à Lyon. — Suicide de Claude Chappe. — Ignace et Pierre Chappe, administrateurs. — La télégraphie prussienne au siège de Dantzig. — Visa des dépêches télégraphiques par l'archichancelier. — Insistances réitérées de Napoléon pour le prolongement jusqu'à Milan de la ligne de Lyon : lettres et dépêches y relatives. — Services rendus par la télégraphie pendant la campagne de 1809 contre l'Autriche. — Correspondances par pavillons entre Vienne et Paris. — Construction de la ligne de Mayence. — Belle conduite des télégraphistes pendant l'invasion.

Le réseau télégraphique ne reçut pas sous l'Empire, une extension aussi considérable qu'on pourrait le supposer. On se l'explique aisément si l'on envisage, d'une part, que Napoléon fut constamment en guerre avec presque toute l'Europe, et que, d'autre part, le théâtre des opérations militaires fut généralement, sauf en 1813 et en 1814, au delà de nos frontières. Bien que l'Empereur affectionnât tout particulièrement l'emploi des estafettes et des courriers extraordinaires pour porter ses ordres sur les différents points du territoire, le télégraphe lui rendit cependant d'utiles services dans plus d'une occasion. En 1804, tandis qu'il faisait ses préparatifs à Boulogne pour opérer la descente en Angleterre, il chargea Abraham Chappe, de rechercher le moyen d'établir une communication télégraphique de jour et de nuit entre les côtes de France et celles d'Angleterre. C'était là une entreprise qui présentait de nombreuses difficultés résultant non seulement de la distance à franchir, mais surtout de la fréquence et de l'épaisseur des brouillards. Abraham Chappe espérait résoudre le problème en augmentant l'intensité du foyer lumineux et en modifiant la disposition des machines. Il a dit, lui-même, que le nombre des signaux primitifs suffisait pour

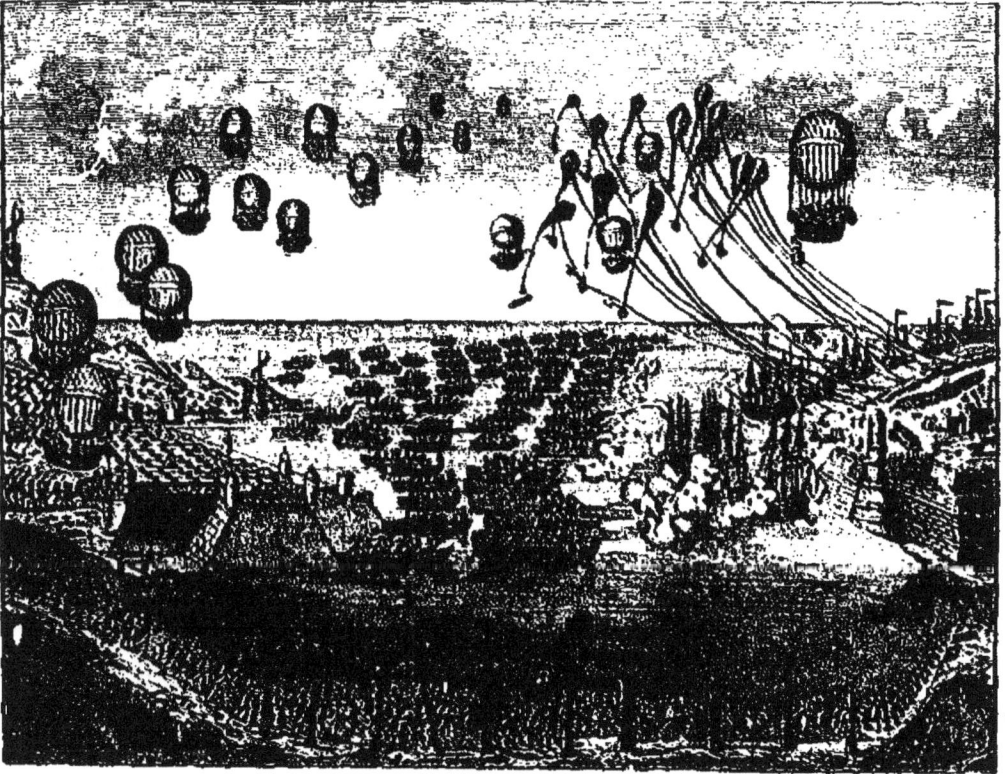

Fig. 39. — Divers projets sur la descente en Angleterre. Gravure anonyme de la collection Hennin. Bibl. nationale.

rendre toutes les idées et que ces signaux pouvaient être facilement aperçus à huit lieues de distance.

L'abandon du projet de descente rendit inutile la continuation des expériences.

A la même époque (septembre 1804), l'amirauté anglaise établit un code de signaux de nuit qui fut aussitôt mis en pratique sur les différents points de la côte. Un cordon de frégates placées à des distances convenables, permettait d'entretenir dans tous les temps la communication entre elles et le rivage, au moyen de fusées volantes et de feux de diverses couleurs. Chaque poste de signaux était pourvu également d'une certaine quantité de menu bois auquel on devait mettre le feu en cas d'alarme.

C'était là une des nombreuses précautions prises par les Anglais contre l'invasion française.

Les craintes étaient des plus vives en Angleterre, où tous les volontaires avaient reçu l'ordre de se tenir constamment sous les armes. On en trouve le reflet dans les journaux anglais du temps. Nous lisons, par exemple, dans le *Morning Chronicle* :

« En vérité, on soupçonnerait presque les ministres eux-mêmes d'avoir peur et de chercher, par le bruit qu'ils font, à se rassurer un peu. S'ils ne ressemblent pas en ceci à ces gens effrayés qui, en passant pendant la nuit dans un bois, chantent de toutes leurs forces pour faire accroire aux voleurs ou aux revenants qu'ils sont braves et tranquilles, on pourrait du moins les comparer à ce personnage du roman des *Femmes galantes de Windsor*, qui, prêt à se battre en duel avec maître Caïus, médecin français, s'écrie, en l'attendant au rendez-vous : *En vérité, je ne me connais pas ; la colère m'étouffe et j'ai la bile allumée. Si cependant mon adversaire ne venait pas... Eh bien, il faudrait s'en consoler et prendre son parti ; je crois même que cela m'arrangerait assez.* Les ministres attendent aussi Bonaparte sur le champ de bataille ; la colère les étouffe ; leur bile est allumée. Si cependant il ne venait pas... Eh bien, nous croyons pouvoir répondre que non seulement ils prendraient leur parti, mais encore que *cela les arrangerait assez.* »

La flottille de Boulogne était devenue, en effet, le cauchemar de Pitt, qui ne cessait de parcourir les côtes pour s'assurer personnellement de l'exécution des mesures de défense.

De son côté, le *Times* disait, à ce propos, dans son numéro du 3 septembre 1804 :

« Quelques-uns de nos confrères ont dit que la dernière sortie des Français n'était qu'une épreuve; mais nous croyons que si le vent et d'autres circonstances les eussent favorisés, ils auraient fait sortir tout le reste de leur flottille. Rien peut-être ne donne une plus grande idée du génie de Bonaparte que cette construction de batteries le long des côtes de Boulogne. Il peut par ce moyen faire sortir toute sa flotte, la ranger en ordre de bataille sous la protection de ses forts et la faire partir au premier moment favorable. Nous croyons que c'était là son projet lors du dernier mouvement.

« Quoi qu'il en soit, si nous en jugeons par les nouvelles que nous recevons, par les mesures de nos ministres et par l'activité de Bonaparte, sur la rive opposée, tout nous confirme dans cette opinion que l'invasion va être tentée incessamment. »

La haine contre l'Angleterre était depuis longtemps dans le cœur même de la nation. Aussi la satire française s'exerçait-elle, par la plume et le crayon contre notre ennemie acharnée. Déjà, dès la fin de 1797, on chantait à Paris sur l'air du pas redoublé de l'infanterie française, ces couplets qui ne manquent ni d'entrain ni de gaîté :

> Soldats, le bal va se rouvrir,
> Et vous aimez la danse.
> L'Allemande vient de finir,
> Mais l'Anglaise commence;
> D'y figurer tous nos Français
> Seront, parbleu, bien aises,
> Car s'ils n'aiment pas les Anglais,
> Ils aiment les Anglaises.

Le Français donnera le bal,
  Il sera magnifique;
L'Anglais fournira le local
  Et paiera la musique.
Nous, sur le refrein (sic) des couplets
  De nos rondes françaises,
Nous ferons chanter les Anglais
  Et danser les Anglaises,

Allons, nos amis, le grand rond!
  En avant! face à face!
Français! là-bas, restez d'aplomb!
  Anglais, changez de place!
Vous, Monsieur Pitt, un balancé!
  Suivez la chaîne anglaise :
Pas de côté, croisé, chassé,
  C'est la mode française (1).

On sait comment les hésitations de l'amiral Villeneuve, sans cesse obsédé par le spectre de Nelson, firent échouer le projet de descente.

Justement effrayée de ces préparatifs formidables, l'Angleterre parvint à former contre nous la troisième coalition. Aussitôt la Grande Armée qui bordait l'Océan, se rompit en cent colonnes et courut en poste au Rhin (1805).

Ce fut pendant cette même année 1805, que Napoléon prescrivit l'achèvement de la ligne de Paris à Lyon, qui n'avait été terminée que jusqu'à Dijon.

Claude Chappe ne vit malheureusement pas cette nouvelle extension de son œuvre. Il mourut le 23 janvier 1805, de mort volontaire, dans des circonstances particulièrement dramatiques. L'événement eut lieu à Paris, dans l'hôtel de Villeroy, rue de l'Université.

(1) Ces vers ont été publiés dans l'*Ami des lois* du 25 nivôse an VI (*Napoléon Ier et son temps*, par M. Roger Peyre; Firmin-Didot, éd., 1888).

Dans la matinée du mercredi 23 janvier, on retrouva son ca-
davre dans le puits existant derrière l'hôtel. D'après Abraham
Chappe, son frère aurait été victime d'une tentative d'empoison-
nement dans un village des environs de Lyon où il s'était rendu
pour étudier le tracé de la nouvelle ligne ; cette tentative crimi-
nelle aurait déterminé chez lui les germes de la maladie nerveuse
qui le poussa à chercher le repos dans la mort. Ajoutons que,
depuis quelques années déjà, Claude Chappe était devenu sombre
et mélancolique.

Quoi qu'il en soit, après avoir été inhumé à l'ancien cimetière
de Vaugirard, son corps fut transféré le 25 janvier 1829 au cimetière du Père-Lachaise à côté de celui de son frère Ignace. La
tombe ne porte que cette seule inscription : « Chappe », et les
registres d'inscription du cimetière ne font nullement mention du
nom de Claude Chappe qui a été omis au moment de la rédaction
de l'acte de concession.

La pierre tombale qui existait au cimetière de Vaugirard a été
pieusement recueillie par l'administration et placée dans l'hôtel
des télégraphes à l'entrée du poste central, où l'on peut la voir
encore (1). Nous en donnons d'ailleurs la reproduction.

Un vœu que nous avions émis dans la première édition de
cet ouvrage a été réalisé l'année dernière. Le 30 juillet 1893, une
superbe statue a été élevée par souscription à Claude Chappe à
l'intersection du boulevard Saint-Germain et de la rue du Bac ;
elle a été solennellement inaugurée le 30 juillet 1893 en présence
de M. le Ministre du commerce, de M. le Directeur général, du
Président du conseil municipal de la ville de Paris, des mem-

(1) *Claude Chappe*, notice biographique par M. Jacquez, bibliothécaire des
Postes et des Télégraphes, secrétaire du comité du centenaire de Chappe. — Alph.
Picard et fils, éditeurs; Paris, 1893.

bres du comité du centenaire et des représentants de l'administration des Postes et des Télégraphes.

Ignace et Pierre Chappe succédèrent à leur frère comme administrateurs, avec égalité de pouvoirs et d'attributions.

Quant à Abraham Chappe, il fut attaché à l'état-major général de la Grande Armée en vertu du décret impérial du 14 fructidor an XIII (30 août 1805). Ses fonctions consistaient à traduire, soit au départ soit à l'arrivée, les dépêches télégraphiques de l'Empereur, de son lieutenant et du major général.

L'épisode suivant va nous montrer qu'en 1807, lors du mémorable siège de Dantzig par l'armée française, la télégraphie optique rendit les plus grands services aux assiégés.

Après la sanglante bataille d'Eylau (7 et 8 février 1807), Napoléon s'établit dans ses quartiers d'hivers à Osterode et s'occupa du siège de Dantzig dont il confia les opérations au maréchal Lefebvre, assisté du général d'artillerie Lariboisière et du général du génie Chasseloup-Laubat. Il ne se dissimulait, du reste, aucune des difficultés de l'entreprise dont le succès devait le mettre en possession d'immenses approvisionnements pouvant permettre d'alimenter la Grande Armée pendant une année entière.

Dantzig, défendu par le vieux maréchal Kalkreuth, le dernier et l'un des plus illustres élèves du grand Frédéric, ayant été cerné le 10 mars par nos troupes, put néanmoins communiquer jusqu'à la fin du siège avec Kœnigsberg par Neufahrwasser et rester en communication avec l'armée prusso-russe au moyen d'un système de télégraphie à drapeaux, organisé par le major de Wuthenon, adjudant de place, et par un négociant anglais nommé Gibson.

Une cabane en bois de 20 pieds carrés de surface et de 10 pieds de haut fut construite d'abord au faubourg de Strohteich, puis au bastion Einborn. Au toit était pratiqué une ouverture permettant de hisser ou d'amener les drapeaux servant à faire les signaux.

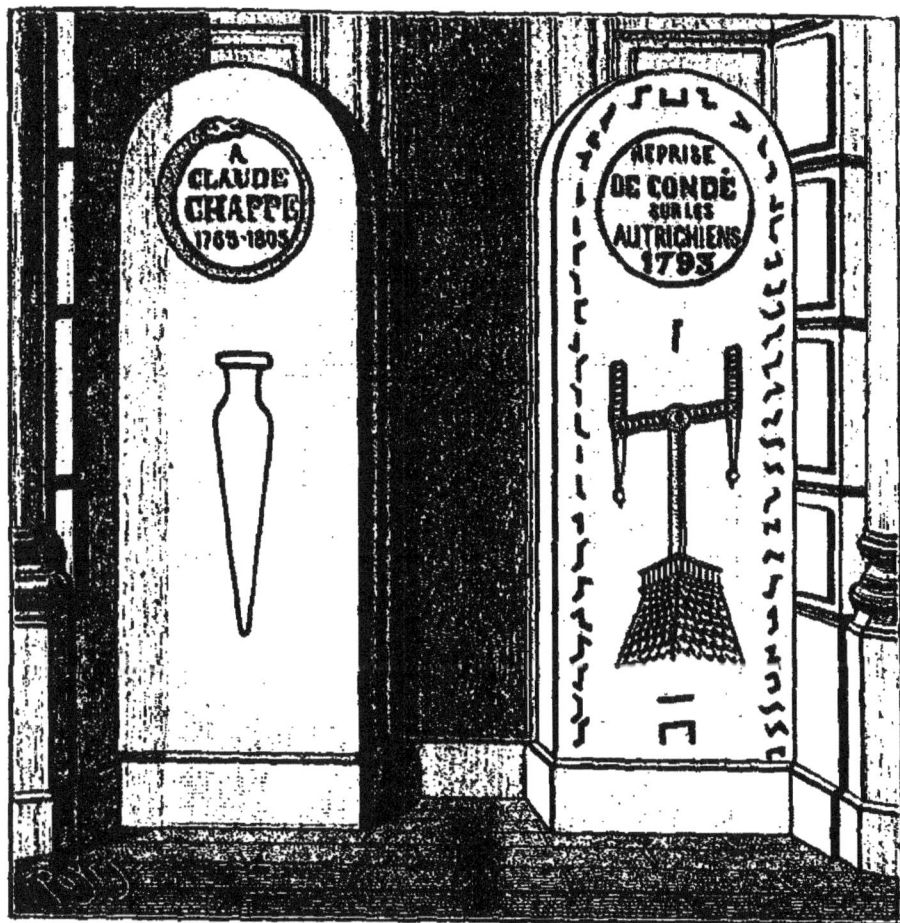

Fig. 3o. — Face et revers de la pierre tombale de Chappe, à l'hôtel des Télégraphes.

Dans les parois se trouvaient deux trous munis de lunettes d'approche dirigées du côté de la tour de Neufahrwasser, où se trouvait également un poste d'observation. Ces lunettes servaient à regarder lorsqu'on pensait recevoir des signaux; on procédait de même de l'autre côté.

Deux mâts de 30 pieds de hauteur et plantés au centre de la cabane, traversaient le toit et formaient un plan faisant face à la tour de Neufahrwasser. Au sommet des mâts distants l'un de l'autre d'environ 9 pieds, se trouvaient des poulies servant à faciliter les mouvements des drapeaux.

Deux manivelles permettaient de tendre ou de détendre les cordes de manière que les drapeaux ne pussent flotter dans le sens du vent. Ces drapeaux, au nombre de 24, représentaient les différentes lettres (X avait été négligé); ils avaient de 6 à 8 pieds de large et autant de haut; ils étaient formés de toile rouge, bleue et blanche, ayant toujours deux de ces couleurs disposées de façons différentes et portant chacun un numéro d'ordre suivant lequel ils étaient rangés dans la cabane. Sur une planche placée devant l'opérateur ou le télégraphiste, étaient indiqués le numéro du drapeau et la lettre correspondante.

Il y avait en outre, deux drapeaux dont l'un portait un aigle noir, l'autre était entièrement blanc. Le premier servait à indiquer que l'on voulait télégraphier : celui qui avait des communications à faire hissait l'aigle noir, le correspondant en faisait de même pour indiquer qu'il était prêt.

Le drapeau blanc était hissé pour indiquer que l'on avait compris la communication faite par l'autre poste. D'autre part, celui qui télégraphiait se servait du drapeau blanc pour dire qu'il avait fini.

Deux hommes étaient toujours près des drapeaux et les hissaient à l'appel de leurs numéros; ils n'en savaient donc jamais la valeur, puisque le télégraphiste les indiquait d'après le tableau placé devant lui. Deux hommes sûrs étaient de faction aux télescopes, ils indiquaient aux télégraphistes la composition des drapeaux hissés à l'autre poste et n'en connaissaient pas la valeur en lettres. Le directeur seul était au courant du sens de toute la correspondance; du reste, l'entrée de la cabane était interdite à toute personne étrangère au service des signaux. Le gouverneur envoyait et recevait les messages sous plis cachetés.

Afin d'éviter que les troupes assiégeantes pussent déchiffrer les signaux, on s'était entendu avec Neufahrwasser pour que le drapeau signifiant *a* aujourd'hui, signifiât *b* demain, et ainsi de suite pendant toute la durée du siège, de sorte que si le 5 du mois, le numéro 1 était *a*, le 6 il était *b*, le 7, *c*, et ainsi de suite; donc, le 28, il signifiait *z*. Il y avait ainsi tous les jours une nouvelle clé, et si les troupes françaises parvenaient à déchiffrer les signaux d'un jour, elles ne comprenaient plus ceux du lendemain. Quelquefois aussi on télégraphiait en anglais pour dérouter les assiégeants. Enfin, il avait été convenu que le tableau des drapeaux du 5 mai servirait de clé normale pour le cas où l'un des correspondants ne comprendrait pas les signaux de l'autre; on pouvait donc toujours choisir une lettre quelconque pour point de départ.

Ce télégraphe fonctionna régulièrement, surtout après la prise de la Nehrung, seul point par lequel les assiégés communiquaient avec le monde extérieur. Il est évident qu'il présentait tous les inconvénients des signaux optiques, c'est-à-dire qu'il était impraticable ou à peu près en cas de brouillard. Lorsque l'ouvrage fortifié de Holm, dont les batteries dominaient la Vistule entre Dantzig et Neufahrwasser, eut été pris par nos troupes, elles y allumaient souvent des feux de manière à ce que la fumée empêchât les communications.

Le maréchal Lefebvre, fatigué des lenteurs du siège, qui répugnaient à sa nature intrépide, obtint enfin de Napoléon l'autorisation de donner l'assaut, qui fut décidé pour le 21 mai au soir.

Toutes les mesures étaient prises lorsque le maréchal Kalkreuth, reconnaissant l'impossibilité de prolonger plus longtemps la défense, demanda à capituler, à la condition que la garnison de Dantzig jouirait des avantages qu'il avait accordés précédemment lui-même à la garnison de Mayence, c'est-à-dire qu'elle quitterait la place avec les honneurs de la guerre et sans rendre les armes, moyennant l'engagement de ne pas servir contre la France pendant une année.

Le maréchal Lefebvre souscrivit à ces conditions que Napoléon ratifia quoique à regret, en informant le maréchal Kalkreuth que s'il était traité aussi généreusement, c'était en considération de son âge, de ses longs et glorieux services et surtout de sa courtoisie vis-à-vis des Français.

Le 26 mai 1807, l'armée française fit son entrée dans la place dont la résistance était due non seulement à l'intrépidité de ses défenseurs, mais encore au télégraphe optique improvisé qui avait permis à ces derniers de rester en relation avec le dehors.

Le 9 mai 1808, Napoléon était à Bayonne et obtenait du roi d'Espagne, le faible Charles IV, et de son fils Ferdinand, leur renonciation à la couronne espagnole. A cette nouvelle, l'Espagne entière se soulève et la révolte éclate à Madrid.

On sait avec quelle violence elle fut réprimée par Murat.

Napoléon, qui avait dès lors le plus grand intérêt à pouvoir porter ses forces navales sur les points les plus menacés et à connaître rapidement les mouvements de la flotte anglaise, eut recours au télégraphe. Aussi écrivait-il la lettre suivante au vice-amiral Decrès, Ministre de la marine.

« Envoyez-moi un mémoire sur l'établissement des signaux et télégraphes pareils à ceux de la côte d'Espagne et de Cadix, afin que je puisse savoir en peu d'instants ce qui se passe de Toulon au détroit, au cap Finistère et au cap Saint-Vincent. Faites-moi un mémoire court et bien clair, qui me fasse connaître quels sont les nouveaux télégraphes que vous venez d'établir. Sont-ce des combinaisons de lettres de l'alphabet, comme le télégraphe de terre, ou des signaux ? Peut-on envoyer, par ces télégraphes, l'ordre à l'escadre de Cadix de faire un mouvement, ou la prévenir de la sortie d'une escadre de Toulon ou de Brest?

« NAPOLÉON (1). »

Il eût été certainement très intéressant de connaître la réponse du Ministre de la marine, mais la lettre que nous venons de reproduire prouve surabondamment que, contrairement à l'opinion de quelques historiens et notamment de M. Thiers, Napoléon se rendait parfaitement compte du parti qu'il était possible de tirer de la télégraphie et des services qu'elle pouvait être appelée à rendre. Il tenait, du reste, à avoir connaissance de toutes les dépêches partant de Paris ou y arrivant. C'est ainsi qu'au moment de quitter Paris pour retourner en Espagne, il prescrivait, le 29 octobre 1808, certaines dispositions qui devaient être observées pendant son absence. Parmi ces dispositions, nous relevons la suivante, relative au service télégraphique : « Les dépêches télégraphiques transmises à Paris ou à transmettre de Paris seront portées à l'archichancelier, avant qu'il puisse y être donné cours. » Le duc de Bassano, qui avait un jour négligé de se conformer à cet ordre, fut sévèrement blâmé par Napoléon, qui lui écrivit la lettre suivante portant la date du 12 janvier 1810 :

« J'avais ordonné que toute dépêche télégraphique, avant d'être transmise, vous fût envoyée pour m'être communiquée; vous n'en

(1) *Correspondance de Napoléon Ier*, t. XVII, année 1808, p. 288.

avez rien fait, et vous avez fait partir la dépêche ci-jointe sans me la soumettre. Faites-moi connaître d'où vient cette négligence et cette contravention à mes ordres; mon service en a beaucoup souffert. Il faut que vous ayez pour principe de ne jamais considérer mes ordres comme tombés en désuétude, et de ne jamais passer les bornes du pouvoir que je vous ai accordé (1). »

C'est en 1809 que la ligne de Lyon fut prolongée jusqu'à Milan, sur l'ordre exprès de Napoléon, qui attachait à son exécution une très grande importance, comme il est facile de s'en rendre compte par les correspondances qui suivent. — Voici d'abord une lettre du 16 mars 1806 adressée au Ministre de l'intérieur :

A M. Crétet, comte de Champmol, Ministre de l'intérieur à Paris.

« Monsieur Crétet, je désire que vous fassiez achever sans délai la ligne télégraphique d'ici à Milan, et que dans quinze jours on puisse communiquer avec cette capitale.

« Napoléon (2). »

Le 18 mars 1809, en prévision de la reprise des hostilités avec l'Autriche, l'empereur écrivait de Paris au prince Eugène, vice-roi d'Italie, à Milan, pour lui donner l'ordre de porter, dès le 1er avril suivant, son quartier général à Strà, d'où il serait plus à même de veiller à l'armement de Venise et de passer la revue des corps qui se trouvaient au camp d'Udine, d'Osoppo, à Trévise et même dans le Frioul.

Nous relevons dans cette lettre le passage suivant relatif aux communications à établir en Italie par estafette et par télégraphe :

(1) *Correspondance de Napoléon Ier*, t. XX, p. 141.
(2) *Correspondance de Napoléon Ier*, t. XVIII p. 416.

« Prenez des mesures pour que l'estafette de Milan aille à Strà avec la plus grande rapidité. Ordonnez des travaux pour mettre

Fig. 31. — Napoléon.

dans le meilleur état la route de Mantoue à Legnano, de Legnano à Padoue et de Padoue à Trévise; ce sera désormais la route de l'armée, qui, lorsque ces chemins seront réparés, ne passera plus par Brescia ni Vérone. *J'ai ordonné que le télégraphe fût dis-*

*posé pour communiquer au 1ᵉʳ avril de Paris à Milan. Je ne
sais point s'il y a des stations à établir sur le territoire du
royaume d'Italie; s'il y en a à faire, faites-y travailler; faites-
les même continuer jusqu'à Mantoue; on verra ensuite à les prolonger jusqu'à Venise.*

« NAPOLÉON (1). »

Mais la ligne ne fut pas prête pour le 1ᵉʳ avril, comme l'avait
prescrit Napoléon. Le 4 avril il écrivait, en effet, au comte Aldini,
ministre d'Italie à Paris :

« Le vice-roi va faire une tournée. Il emmène probablement
avec lui le Ministre de la guerre; mais je suppose que le Ministre
des finances restera à Milan. Écrivez à ce dernier pour que tous
les jours il corresponde avec vous et vous fasse connaître ce qui
vient à sa connaissance, afin que je sache ce qui se passe à Milan.
*Dès le 15, on pourra correspondre avec Milan par le télégraphe.
Il faut que tous les jours vous écriviez et qu'on vous écrive par
cette voie. Si le Ministre de la guerre restait à Milan, ce serait avec lui que je désirerais que cette correspondance eût
lieu.*

L'impatience de l'Empereur se trahit de nouveau dans la lettre
suivante adressée au prince Eugène, à Udine :

« Paris, 10 avril 1809, onze heures du matin.

. . . .

« . . . . On m'assure que, le 15, le télégraphe doit communiquer avec Milan; il me tarde bien de savoir que cette commu-

(1) *Correspondance de Napoléon Iᵉʳ*, t. XVIII, lettre 14,926, p. 434, 435.
(2) *Correspondance de Napoléon Iᵉʳ*, t. XVIII, lettre 15,004, p. 506.

nication est ouverte. Je ne perds pas un moment à vous envoyer cette lettre; je donne l'ordre à Lavallette de vous l'envoyer par une estafette extraordinaire, qui partira ce matin à midi au lieu de minuit.

« NAPOLÉON (1). »

La ligne ne fut inaugurée que plusieurs mois après.

Voici les instructions que Napoléon donnait par le télégraphe le 10 avril 1809, à Berthier, prince de Neuchâtel, major général de l'armée d'Allemagne à Strasbourg, en prévision de la déclaration de guerre par l'Autriche (cinquième coalition.)

« Paris, 10 avril 1809.

« Je pense que l'empereur d'Autriche doit bientôt attaquer.

« Rendez-vous à Augsbourg pour agir conformément à mes instructions, et si l'ennemi a attaqué avant le 15, vous devez concentrer les troupes à Augsbourg et à Donauwerth, et que tout soit prêt à marcher.

« Envoyer ma garde et mes chevaux à Stuttgart.

« NAPOLÉON (2). »

Cette dépêche, qui ne parvint à Strasbourg que le 13 à midi, ne put être remise au major général que le 16 avril à 6 heures du matin, à Augsbourg. Le prince, précédemment avisé à Strasbourg dans la matinée du 11 avril, que l'Inn avait été franchi par les Autrichiens le 9 avril, s'était immédiatement rendu sur le théâtre des opérations.

(1) *Correspondance de Napoléon I*er, t. XVIII, l. 15,050, p. 540.
(2) *Correspondance de Napoléon I*er, t. XVIII, p. 537.

Napoléon n'apprit que le 12 avril par le télégraphe, le mouvement de l'armée autrichienne. Il partit aussitôt en poste et battit les Autrichiens dans les combats de Thann, d'Abensberg et de Landshut. De ce dernier village, il adressait au maréchal Davout, campé sur les hauteurs d'Eckmuhl, la lettre suivante, qui nous montre comment il savait suppléer, sur le champ de bataille, à l'absence de télégraphie militaire :

« Landshut, 22 avril 1809, deux heures et demie du matin.

. . . .

« Je serai de ma personne avant midi à Ergoltsbach. Si l'on entend la canonnade, cela me dira assez qu'il faut attaquer. Si je ne l'entends pas et que vous soyez en position d'attaquer, faites tirer une salve de dix coups de canon à la fois à midi, une pareille à une heure et une pareille à deux heures. Mon aide de camp Lebrun partira à quatre heures et un quart; je suis décidé à exterminer l'armée du prince Charles aujourd'hui ou au plus tard demain (1). »

Les victoires d'Eckmuhl et de Ratisbonne ouvrirent à nos troupes le chemin de Vienne, où elles entrèrent pour la deuxième fois le 12 mai. Écrasée à Wagram le 6 juillet, l'Autriche se vit de nouveau contrainte de demander la paix, qui fut signée le 14 octobre.

Pendant tout le temps que dura l'occupation de Vienne, Napoléon avait voulu établir un système de communication rapide et permanente lui permettant de correspondre avec Paris, afin de pouvoir tenir le ministre de la guerre constamment au courant de la situation de la Grande Armée. Il eut alors recours aux si-

(1) *Correspondance de Napoléon Ier*, t. XVIII, p. 578.

gnaux par pavillons qui avaient rendu tant de services aux défenseurs de Dantzig. Trois pavillons, rouge, blanc et noir, étaient utilisés pour cet objet; les manœuvres étaient effectuées par des postes militaires échelonnés, et les signaux répétés de poste en poste, parvenaient à Strasbourg, d'où ils étaient transmis télégraphiquement au Ministre de la guerre dans la forme suivante :

« Strasbourg, le 27 septembre 1809, à 8 heures 1/3.

« *A Son Excellence le comte d'Hunebourg,*
Ministre de la guerre.

« Monseigneur,

« J'ai l'honneur de rendre compte à Votre Excellence que ce matin, à huit heures quinze minutes, on a arboré pavillon rouge comme signal venant de Vienne.

« Le général de division commandant la 5ᵉ division militaire,

« DESBUREAUX. »

Napoléon tenait essentiellement à la transmission régulière de ces signaux dont la valeur n'était connue que de lui, du major général et du Ministre de la guerre.

Pendant que Napoléon poursuivait les Autrichiens au delà de Vienne, la flotte anglaise menaçait Anvers. Grâce au télégraphe qui venait d'être prolongé jusqu'à Anvers et Flessingue, le ministre de la guerre put donner rapidement les ordres nécessaires pour faire diriger en poste, sur Anvers, toutes les forces disponibles dans les divisions de Metz et de Strasbourg. Le 1ᵉʳ septembre, il télégraphiait au général Desbureaux, à Strasbourg, l'ordre d'informer l'Empereur par estafette que l'ennemi, en présence des mesures de défense, paraissait avoir renoncé à attaquer Anvers et que sa flotte, après avoir redescendu l'Escaut jusqu'à Flessingue, avait fait voile vers l'ouest.

L'année suivante (1810), le réseau télégraphique reçut de nouvelles et importantes extensions. La ligne du Nord fut prolongée jusqu'à Amsterdam, et la ligne de Paris à Milan jusqu'à Venise, avec embranchement sur Mantoue.

Lorsqu'après la campagne de Russie, l'Empereur vit que l'ennemi s'avançait, et que les armées françaises, comme aux premières années de la République devaient suppléer au nombre par la rapidité des marches, il songea à augmenter encore les ressources de la télégraphie; le 13 mars 1813, il ordonnait que la ligne de l'Est fût prolongée jusqu'à Mayence, par un embranchement partant de Metz.

L'Empereur, dit M. Gerspach dans son *Histoire administrative de la télégraphie aérienne*, recommanda que tout fût mis en œuvre pour accélérer les constructions. L'administration mit en mouvement ses meilleurs agents; ils rencontrèrent les obstacles qui avaient retardé les premiers travaux télégraphiques : les entrepreneurs ne se présentaient pas, les fournisseurs voulaient être payés comptant, les mandats étaient soldés en retard. Mais tout le monde, dans l'administration, comprit l'immense importance de la ligne, et on vit alors des directeurs et des inspecteurs, animés d'une patriotique ardeur, avancer de l'argent sur leur propre bourse et travailler aux constructions comme de simples manœuvres.

L'empereur témoignait la plus vive impatience. Tous les jours il demandait au grand maréchal du palais des nouvelles de l'état de la ligne; il faisait écrire très fréquemment au Ministre de l'intérieur, trouvait que rien ne marchait assez vite et montrait le plus grand mécontentement à chaque nouveau retard. L'administration cependant ne pouvait se hâter davantage; elle déployait

Fig. 32. — Fonctionnaires des télégraphes défendant leur poste contre l'ennemi, en 1814.

une activité inconnue jusqu'alors dans ses travaux : tous étaient à l'œuvre, et les machines, fabriquées à Paris, étaient expédiées en poste à leurs destinations.

Enfin le 29 mai, la première communication fut échangée entre Metz et Mayence. On avait réellement accompli un prodige; en deux mois et quelques jours, une ligne de 225 kilomètres avait été construite. La dépense s'était élevée à 105,000 francs.

Mais cette ligne ne devait malheureusement pas fonctionner longtemps. Bientôt nos armées battirent en retraite; les fonctionnaires de la télégraphie, toujours à l'extrême arrière-garde, le fusil à la main, défendirent leur poste jusqu'à la dernière extrémité et ne se retirèrent devant l'ennemi qui s'avançait, qu'après avoir mis le feu aux machines télégraphiques. Plusieurs d'entre eux payèrent de la vie ou de la liberté cet héroïque accomplissement du devoir (1).

(1). *Histoire administrative de la télégraphie aérienne*, par M. Édouard Gerspach, Paris, 1861, p. 74.

PREMIÈRE RESTAURATION.

L'histoire de la télégraphie présente peu de faits intéressants pendant la courte période de la première Restauration.

Nous voyons cependant qu'à la date du 6 août 1814, le baron de Vitrolles, secrétaire d'État, se préoccupe de la situation de l'administration et invite les frères Chappe à lui faire parvenir la liste des lignes en activité.

Ce renseignement fut transmis dès le lendemain à M. de Vitrolles. Nous transcrivons ici la copie de la note établie par les frères Chappe :

« 7 août 1814.

« *La ligne du Nord.*

« Elle passe par Lille et aboutit à Boulogne. Il y a un traducteur à Boulogne et un à Lille. Elle se ramifioit jadis avec Bruxelles, Anvers et Amsterdam.

« *La ligne de l'Est.*

« Elle aboutit à Strasbourg et passe par Metz. Il y a un traducteur à Strasbourg et un à Metz.

« Metz se ramifioit avec Mayence.

« *La ligne de l'Ouest.*

« Elle aboutit à Brest et passe par Saint-Malo. Il y a un traducteur à Brest et un à Saint-Malo.

« *La ligne du Sud-Est.*

« Elle aboutit à Lyon.

« Elle n'a maintenant de traducteur qu'à Lyon.

« Elle n'est pas encore entièrement rétablie.

« Elle se prolongeoit jusqu'à Venise en passant par Turin et Milan.

« La ligne de l'*Ouest* passe très près de Cherbourg, puisqu'il n'y a que trente lieues de Saint- Malo à Cherbourg. Nous croions qu'il seroit utile de faire une ramification entre les deux points. Cette ramification coûteroit peu à Sa Majesté. On l'établiroit pour 40.000 francs tout compris.

« La ligne qui aboutit à *Lyon* pourroit être facilement prolongée jusqu'à Toulon. Cette prolongation, qui seroit de plus de cent lieues, ne coûteroit pas 200.000, et ces deux petits établissements mettroient en communication la Méditerranée avec la Manche.

« Nous vous prions de mettre ces observations sous les yeux de Sa Majesté, et, si elle les accueille, de vouloir bien donner l'ordre au Ministre de l'intérieur de faire faire ces prolongations. Nous présenterons au Ministre un devis détaillé, d'après lequel il ordonnancera les fonds, dont l'administration télégraphique rendra compte de clerc à maître, parce qu'elle n'a jamais voulu faire d'entreprise. »

LES CENT JOURS.

Débarquement de Napoléon au golfe Juan. — Rapport de police sur cet événement, publié par M. le comte d'Hérisson. — Texte des dépêches officielles échangées à cette occasion entre le maréchal Soult, Ministre de la guerre, et le général Brayer, commandant la division militaire de Lyon. — Illusions du comte Beugnot. — Dépêches officielles annonçant l'entrée de Napoléon à Paris. — Sollicitude de Carnot pour le service des télégraphes. — Situation navrante de la France après Waterloo, d'après les dépêches télégraphiques officielles. — Cruautés des Prussiens et des Bavarois.

Échappé de l'île d'Elbe, Napoléon débarque au golfe Juan le 1ᵉʳ mars 1815. Le gouvernement n'en fut informé par le télégraphe que le 5 mars, à 11 heures du matin.

Dans son intéressant ouvrage *Le Cabinet noir*, M. le comte d'Hérisson cite un curieux rapport de police sur le baron de Vitrolles, où l'on relate comment la nouvelle du débarquement de Napoléon fut portée à la connaissance de Louis XVIII.

Voici ce rapport tel que le donne M. le comte d'Hérisson :

« ... On en était là lorsque la conversation a tout à coup changé de direction ; à propos de prétendues nouvelles d'Angleterre venues par la voie du télégraphe, M. le baron de Vitrolles a raconté un fait et des circonstances se rapportant au 20 mars, et dignes en quelque sorte de l'intérêt de l'histoire.

« Il a dit qu'étant chargé à cette époque, de recevoir et d'ouvrir toutes les dépêches télégraphiques, il vit arriver un matin sur les onze heures, le sieur Chappe, directeur du télégraphe, tout essoufflé et la figure altérée, qui lui dit : « Je vous cherche depuis plus « d'une heure, monsieur le baron ; voici une nouvelle de la plus

« haute importance et qu'il ne faut pas laisser ignorer une seule
« minute au Roi.

— Vous avez l'air de la savoir? reprit M. de Vitrolles. Est-ce
« que le traducteur vous l'aurait dite?

— Non, répondit le sieur Chappe. Mais il ne m'a pas laissé
« ignorer qu'il y allait de la sûreté du Roi et de sa famille, qu'ainsi
« il n'y a pas un moment à perdre. »

« Sur ce, M. de Vitrolles ignorant lui-même le contenu de sa
dépêche, se rendit de suite dans le cabinet du Roi et la lui remit.
Sa Majesté l'ouvrit, la lut sans que sa figure éprouvât la moindre altération et, la rejetant sur une table qui était devant lui, se
borna à dire avec calme :

« Bonaparte est débarqué en France, lisez vous-même la nou-
« velle. »

« M. de Vitrolles s'écria alors :

« Sire, c'est une position qu'un seul fait doit décider : si, à la
« première rencontre, les soldats français tirent sur Bonaparte,
« il est perdu. Dans le cas contraire, il arrivera jusqu'à Paris.

— Voyez de suite, reprit le Roi, le Ministre de la guerre; qu'on
« avise à ce qu'il y a à faire, et qu'on garde jusqu'à nouvel ordre le
« silence le plus absolu sur cet événement. »

« M. de Vitrolles se rendait en toute hâte au Ministère de la
guerre, lorsqu'il rencontra le Ministre lui-même (le maréchal Soult)
sur le pont Royal, se rendant à pied aux Tuileries. Il fait arrêter
le maréchal, ouvre la portière de sa voiture et, lui présentant la
dépêche télégraphique qu'il tenait à la main, la lui fait lire; le
maréchal doute de la nouvelle, monte dans la voiture, et tous
deux arrivent chez le Roi. Le maréchal entre seul dans le cabinet,
en ressort au bout de quelques minutes et remet à M. de Vitrolles
une réponse à la dépêche, qu'il a écrite dans le salon qui précède

le cabinet du Roi; cette réponse portait qu'on doutait de la nouvelle, qu'on en attendait la confirmation, mais que dès le lendemain on ferait passer des ordres; la dépêche était adressée au

Fig. 33. — Le maréchal Soult; d'après la peinture de J. de Laval.

général Brayer, qui commandait la division du côté de Lyon (1). »
Nous compléterons ces renseignements en reproduisant le texte

(1) Le *Cabinet noir*, par le comte d'Hérisson, Paris, Ollendorff, 1887, p. 146 et suiv.

authentique des dépêches qui furent échangées à cette occasion, entre le comte de Chabrol, préfet de Lyon, le général Brayer et le maréchal Soult, dépêches qui n'ont pas encore été livrées à la publicité :

(Très pressée.)

« *Au Ministère de la guerre.*

« Un courrier extraordinaire envoyé par le préfet du Var m'apprend que Buonaparte a débarqué le 1ᵉʳ mars avec 1.600 hommes au golphe (*sic*) Juan, a passé à Grasse le deux et se dirige par Saint-Vallier, Digne et Grenoble sur Lyon.

« Je m'entens (*sic*) avec les autorités civiles et militaires sur les mesures à prendre.

« Le préfet : comte CHABROL.

« Lyon, le samedy 4 mars, à 4 heures du soir. »

La nouvelle fut confirmée par la dépêche suivante du général Brayer, commandant à Lyon :

« *A S. E. le Ministre de la guerre.*

« Une nouvelle dépêche.

« Bonaparte a bivuaqué (*sic*) le 3 à Digne. Il a 1.000 hommes et « 4 canons.

« Il achette (*sic*) tous les chevaux.

« Le 20ᵉ régiment arrive à Lyon.

« Bonaparte compte, dit-on, sur des partisans à Grenoble.

« Nous nous mettons en mesures.

« Le lieutenant général commandant la 19ᵉ division,

« BRAYER.

« Lyon, le 4 mars 1815, à 11 heures du soir. »

Par suite de l'absence de télégraphie de nuit, ces deux dépêches ne purent être mises en transmission que le lendemain, 5 mars, à la pointe du jour, et elles parvinrent dans la matinée à Paris.

Le maréchal Soult n'en peut croire ses yeux et il s'empresse de demander au général Brayer des détails plus précis sur une nouvelle qui lui paraît aussi invraisemblable. Voici la dépêche du maréchal :

« *Dépêche télégraphique.*

« Paris, le 5 mars 1815, à 2 heures après midy.

« *Le Ministre de la guerre au général commandant à Lyon
(à communiquer à M. le préfet).*

« Je reçois vos dépêches télégraphiques de ce jour. La nouvelle que vous donnés (*sic*) paraît invraisemblable.

« Comment vous est-elle parvenue? Par qui a-t-elle été donnée? d'où et quand? Envoyés-moi tout de suite les rapports qui ont été faits à ce sujet; si c'est par une personne qui aurait vu par elle-même, envoyés (*sic*) la en poste à Paris pour rendre compte.

« *Le Ministre de la guerre,*

Signé « : le duc DE DALMATIE. »

Après avoir reçu une nouvelle confirmation des événements, le maréchal se concerta avec le Roi pour l'exécution des mesures que comportait la situation. Les troupes furent mises en mouvement et il fut décidé que *Monsieur* se rendrait à Lyon pour se placer à la tête de l'armée.

On trouvera, dans l'ouvrage de M. le comte d'Hérisson, des détails intéressants sur l'entrevue qui eut lieu à cette occasion, entre *Monsieur* et le baron de Vitrolles

Voici maintenant les instructions que le maréchal Soult donna par télégraphe au général Brayer.

« Paris, le 6 mars 1815.

« *A M. le général Brayer commandant à Lyon.*

« Général, j'ai rendu compte au Roi des rapports qu'hier vous avez faits par le télégraphe.

« S. A. R. Monsieur se rend à Lyon, où elle commandera l'armée qui doit s'y réunir; prévenez-en les troupes, afin que l'on se conforme aux ordres que S. A. R. donnera.

« Je ne comprends pas que le 20ᵉ régiment qui était à Montbrison soit arrivé à Lyon, ainsi que vous l'avez dit : que signifie ce mouvement? Instruisez-moi en vertu de quel ordre il s'est opéré. Dites-moi aussi quel mouvement a fait le régiment de canonniers qui était à Valence et quel en a été le résultat.

« Correspondez avec les généraux commandant les 6ᵉ, 7ᵉ et 8ᵉ divisions, pour qu'ils vous instruisent de tout ce qui surviendra et des avis qui leur parviendront. Rendez-moi compte immédiatement de tout ce que vous recevrez. J'attends avec impatience le courrier que l'on a dû expédier pour porter les rapports officiels; mais donnez plusieurs fois dans le jour des nouvelles par le télégraphe.

« Des ordres sont donnés pour faire arriver à Lyon beaucoup d'artillerie, des fusils et des munitions; mais, en attendant, je vous autorise à demander à Grenoble 4,000 fusils et 400.000 cartouches.

« Vous enverrez au général Marchand extrait de cette dépêche.
« Le Ministre de la guerre : Maréchal duc DE DALMATIE. »

La marche rapide de Napoléon et l'enthousiasme avec lequel il est accueilli partout déconcertent toutes les mesures. Troublé, fiévreux, Louis XVIII demande sans cesse des nouvelles. La dépêche suivante donnera une idée de son anxiété :

Fig. 34. — Entrée de Napoléon à Lyon, le 10 mars 1815, d'après J.-N. Jacomin.

« Paris, le 10 mars 1815, 10 heures du matin.

« *Le baron de Vitrolles à Monsieur, frère du Roi, à Lyon.*

« Le roi est très mécontent de l'inexactitude de la correspondance.

« S. M. ordonne qu'il parte tous les jours deux estafettes pour Paris avec tous les détails qu'on aura pu réunir et que les dépêches télégraphiques se succèdent sans cesse les unes aux autres.

« En attendant M. Anglez que le Roi envoye à Monsieur pour cet objet, M. le préfet aurait dû y pourvoir.

« Le Roi, l'opinion tout est bien ici. »

Le même jour, le préfet du Rhône informait le gouvernement que, Napoléon devant arriver dans la soirée à Lyon, les princes quittaient cette ville et qu'il se rendait lui-même à Clermont.

Rien n'arrête la marche triomphale de Napoléon, et cependant Louis XVIII cherche encore à s'illusionner sur la situation ! Qu'on en juge plutôt par la dépêche suivante que le comte Beugnot, Ministre de la marine et ancien secrétaire de Napoléon, adressait, le 18 mars, au préfet maritime de Brest :

« Bonaparte est au moment d'être abattu (*sic*) :

« Annoncez-le publiquement et donnez-moi tous les jours des nouvelles par le télégraphe et par le courrier,

Signé : « Le comte BEUGNOT. »

Deux jours après, le 20 mars 1815, Napoléon faisait son entrée à Paris, et le lendemain, 21 mars, le duc de Bassano expédiait aux préfets la circulaire télégraphique suivante, qui fut transmise sur toutes les lignes :

« S. M l'empereur est entrée à Paris hier, à huit heures du soir, à la tête des troupes qui, le matin, avaient été envoyées contre elle, et aux acclamations d'un peuple immense.

« Le 21 mars 1815.

« Le duc DE BASSANO. »

L'enthousiasme signalé dans cette dépêche se reflétait dans toutes les dépêches expédiées des divers points de la France. « L'annonce de cet événement », télégraphiait le préfet du Rhône « Fourier, « excite une joie universelle. J'ai remis à tous les courriers qui partent à l'instant de Lyon une copie de la dépêche, ils en donneront connaissance sur tous les lieux de leur passage. »

La lettre suivante, écrite par le préfet du Rhône au directeur du télégraphe à Lyon, montre tout l'intérêt que le Gouvernement impérial attachait au fonctionnement régulier du service télégraphique, dont il appréciait toute l'importance.

« Lyon, le 27 mars 1813.

« *A M. Desrois, directeur du télégraphe à Lyon.*

« Monsieur, j'ai l'honneur de vous prévenir que M. le directeur général des ponts et chaussées vient de m'inviter à prendre les mesures nécessaires et les plus promptes pour concourir au rétablissement du service des lignes télégraphiques aux diverses stations placées dans ce département, et de veiller à la conservation de ces établissements de manière à ce qu'il ne puisse être apporté aucun retard ou interruption dans ce service important.

« Pour remplir à cet égard les intentions de M. le directeur général des ponts et chaussées, j'ai l'honneur de vous prier, Monsieur, de vouloir bien me faire savoir si le service dont il s'agit est assuré et se fait exactement, et dans le cas où quelque cause s'y opposerait, de me la faire connaître, afin que je puisse à l'instant la faire cesser, autant qu'il dépendra de moi.

« J'ai l'honneur de vous donner avis que j'écris au maire de Lyon et à celui de la commune de Poleymieux, pour qu'ils veillent assiduement à la conservation des télégraphes placés sur leurs territoires.

« Recevez, etc.

« Le préfet du Rhône,

« Cᵗᵉ FOURIER. »

Le danger était pressant, en effet. Lyon même était menacé par les troupes du duc d'Angoulême, qui occupaient les départements de l'Isère, de la Drôme et de la Loire. Enfin la guerre civile se termina le 9 avril, date à laquelle le duc d'Angoulême, forcé de capituler, s'embarqua à Cette.

Carnot, appelé au Ministère de l'intérieur, témoigna aussi une grande sollicitude pour le service des télégraphes. Il décida que les établissements télégraphiques seraient placés sous la sauvegarde et sous la responsabilité des communes, et que les dispositions de la loi du 10 vendémiaire an IV, que nous avons déjà reproduites, seraient applicables dans le cas où ces établissements seraient dégradés ou détruits par la malveillance.

Cette mesure avait été motivée par des agressions à main armée dont plusieurs postes télégraphiques avaient été l'objet.

Les administrateurs des télégraphes s'empressèrent de profiter des bonnes dispositions de Carnot pour reprendre un projet adopté en l'an XII, mais qui n'avait pas été mis à exécution. Ils proposèrent un réseau maritime destiné à relier entre eux Brest, Cherbourg et Toulon. Le devis fut établi, mais le projet s'évanouit avec la dernière période de l'ère impériale.

A partir du mois d'avril 1815, la ligne télégraphique de Metz permit de transmettre au Gouvernement des renseignements sur l'état des esprits des deux côtés de la frontière, les mouvements et les forces de l'ennemi, l'état d'approvisionnement des places françaises, les mesures de défense à prendre, etc.

Après Waterloo, le télégraphe annonce jour par jour, heure par heure, les progrès de l'invasion, la désorganisation de notre armée. Comme le disait le 27 juin, au Ministère de la guerre, le général Belliard, commandant la division de Metz : « Ce grand élan patriotique, ce grand enthousiasme qui régnait partout est absolument tombé, tant dans les villes et les campagnes que dans les gardes nationales. »

L'état des esprits, à Calais et à Lille, était exposé dans les deux dépêches suivantes, datées du 26 juin 1815 :

Fig. 35. — Retour de Napoléon à Paris, le 20 mars 1815; d'après un dessin de Heim.

« *Le Général commandant d'armes à Calais à S. E. le Ministre de la guerre.*

« Monseigneur,

« Tout est en mouvement ici : un fort parti se propose d'arborer la cocarde blanche, les gardes nationales commencent à déserter; il est à craindre que la désertion ait lieu par forts détachements;

la fidélité des deux compagnies n'est pas sûre, s'il faut se battre; le courrier de Calais a été arrêté hier près de Montreuil et les dépêches ont été enlevées. »

« *Le Lieutenant général commandant la 16ᵉ division mᵗᵉ à LL. EE. les membres du Gouvernement provisoire.*

« Aucun rapport n'est parvenu de Maubeuge, Quesnoy, Bouchain, Avesnes, Landrecies.

« Le général Lahure annonce que Cambrai a été escaladé et pris, et que la garnison s'est retirée dans la citadelle.

« Il se forme aux environs d'Armentières un corps d'émigrés et des gens du pays qu'on dit commandés par le lieutenant général de Bourmont.

« FRÈRE. »

Veut-on savoir comment l'armée prussienne traitait la France au lendemain de Waterloo?

Il suffit de lire les dépêches suivantes :

« Lille, le 26 août 1815.

« *A Son Excellence le Ministre de la guerre.*

« Les Prussiens, en garnison à Landrecies, ont enlevé tout le matériel de l'artillerie, ont vendu hier tous les bois bruts. Après-demain, ils procèdent à la vente du matériel du génie. Ci-joint une déclaration faite par un charpentier de la ville. Votre Excellence y verra que les Prussiens paraissent être dans l'intention de faire sauter les fortifications de la ville, et cette opération commencerait lundi prochain. M. le comte de Bourmont ayant suivi à Douai S. A. R. M⁰ʳ le Duc de Berri, je n'ai pas cru devoir attendre son retour pour instruire V. E. de ce qui se passe et solliciter des mesures pour prévenir un tel désastre.

« Ce rapport m'est fait par l'adjoint au maire de Landrecies; je lui envoie sur-le-champ quelques instructions pour retarder autant qu'il le pourra cette opération. Les autorités prussiennes ayant tout pouvoir, il n'existe aucun moyen de les empêcher d'exécuter leur projet, à moins qu'ils ne reçoivent directement des ordres de leur chef supérieur.

« Le colonel chef d'état-major du gouvᵗ de la 19ᵉ Dᵒⁿ mⁱˣ,

« CLUNY. »

« Lille, le 4 septembre 1815.

« *A. S. M. le Ministre de l'intérieur.*

« M. Prissette, sous-préfet d'Avesnes, a été enlevé le 3 de ce mois par ordre de M. Preschen, intendant général prussien à Saint-Quentin, pour n'avoir pas obtempéré à des réquisitions excessives et contraires aux conventions des Puissances alliées.

« Le préfet du Nord,

« DUPLEIX DE MÉZY. »

« Lille, le 6 septembre 1815.

« *Le préfet du Nord au Ministre de l'intérieur, à la Commission du Roi près des armées alliées.*

« Le prince Auguste de Prusse écrit que le sous-préfet d'Avesnes sera transporté dans une forteresse de la Prusse, si, d'ici à six jours, la fourniture d'effets d'habillement requis *ne continue à s'effectuer.* »

« Lille, le 8 octobre 1815.

« *Le préfet du Nord à LL. EE. les Ministres de la guerre et de l'intérieur.*

« Le maire de Landrecies annonce que les Prussiens ont commandé des agrès et des boîtes pour faire sauter les fortifications de cette ville au commencement de la semaine prochaine.

« Pour le Préfet,

« DUPLAQUET, secrétaire général. »

Le 6 septembre 1815, le préfet de la Moselle est avisé par la Commission de gouvernement, du prochain passage dans ce département, de 180.000 Russes et de 42.000 chevaux.

Par dépêche télégraphique du 6 septembre, le préfet répond :

« Le pays est entièrement épuisé; il n'a d'autres ressources pour nourrir ces colonnes que les approvisionnements de siège pris sur le département même et devenus inutiles. Le général commandant la division a demandé au Ministre de la guerre l'autorisation de m'en faire la remise... »

Cette demande est très vivement appuyée par le Préfet.

La réponse fut affirmative, mais elle ne parvint que le 9 septembre et les troupes ennemies arrivaient le 12!

Le 19 septembre, le général Belliard télégraphie au Ministre de la guerre que les Prussiens sont entrés dans Longwy le 18 septembre, après avoir bombardé cette place contre le droit des gens et les traités.

En octobre, les Prussiens ravagent en tous sens le pays, dont ils semblent vouloir disputer l'occupation aux troupes russes.

En janvier 1816, les Bavarois arrivent dans le département de la Moselle et dépassent encore les Prussiens en férocité. Les exécutions militaires sont mises en usage contre les autorités qui résistent.

Au mois de juillet 1816, la ville de Metz est dépourvue de grains. Le préfet demande l'autorisation d'emprunter des grains aux magasins militaires.

Fig. 36. — Les Prussiens empêchent les députés d'entrer au Palais-Bourbon (8 juillet 1815).
Dessin de la collection Hennin.

Au mois de novembre 1816, le service des approvisionnements pour les armées alliées étant interrompu par la disette, les Bavarois et les Prussiens menacent de prendre des mesures militaires pour assurer la subsistance de leurs troupes.

Veut-on savoir encore à quelle extrême misère étaient réduits les habitants de l'arrondissement de Sarreguemines, le 6 mai 1817?

Qu'on lise la dépêche suivante adressée ce même jour aux

ministres de l'intérieur et de la guerre par M. de Tocqueville, préfet de la Moselle.

« Metz, le 6 mai 1817.

« L'arrondissement de Sarreguemines a été ravagé par la grêle. La famine le dévore; beaucoup d'habitants vivent d'herbages depuis un mois, et cependant les agents des vivres pour les troupes alliées ne cessent d'acheter sur les lieux pour leur service; ils enlèvent le peu de blé qui reste encore; ils veulent même que l'autorité intervienne pour forcer les laboureurs à leur vendre quelques hectolitres qu'ils ont encore dans leurs greniers, et l'on menace d'envoyer des dragonnades bavaroises dans les campagnes pour leur arracher leur dernier morceau de pain.

« Je supplie Votre Exellence de faire cesser aussitôt ce déplorable état de choses, qui jette le désespoir parmi les habitants et qui les expose à mourir de faim.

« Ce service étant en régie, les munitionnaires, réglant leurs comptes sur les marchés de la frontière, ont intérêt à faire hausser le prix des blés.

« Le blé a valu à Metz, aujourd'hui, 60 francs l'hectolitre. La famine gagne sur tous les points du département et l'on ne saurait répondre de ses suites si le gouvernement ne fait pas une nouvelle et forte consignation de grains.

                              « Le préfet de la Moselle,
                                        « DE TOCQUEVILLE. »

C'est le cœur serré que l'on assiste à ce douloureux spectacle de la misère et du pillage de notre malheureux pays!

DEUXIÈME RESTAURATION.

Modifications du réseau. — Le télégraphe pendant la Terreur blanche. — Ordre de rechercher et d'arrêter M. de la Valette évadé de la Conciergerie. — Dépêche officielle annonçant la mort de Napoléon. — Retraite d'Ignace et de Pierre Chappe. — Le comte de Kerespertz, administrateur des lignes télégraphiques avec Chappe-Chaumont et Chappe des Arcis. — La télégraphie pendant la guerre d'Espagne.

Comme nous venons de le constater, le télégraphe n'avait été utilisé, depuis sa création, que, dans un but exclusivement militaire, et nous avons montré le parti que les divers gouvernements avaient su en tirer à ce point de vue.

Entre les mains de la Restauration et du gouvernement de juillet, nous allons voir la télégraphie changer de rôle et devenir un instrument politique de premier ordre.

Un fait digne de remarque, c'est que, malgré la fureur de réaction qui signala le retour de Louis XVIII, le personnel de l'administration des télégraphes fut respecté. Les administrateurs des télégraphes furent maintenus dans leurs fonctions, bien qu'ils eussent été l'objet de nombreuses dénonciations; presque tous les agents furent également conservés; les directeurs et inspecteurs des postes télégraphiques situés dans les pays cédés par la France, furent licenciés, mais ceux d'entre eux qui appartenaient à la nationalité française furent successivement rappelés au fur et à mesure des besoins du service. Quant aux lignes, elles furent modifiées suivant les nouvelles frontières. Celle de l'Est s'arrêta à Strasbourg et celle du Sud-Est à Lyon. Celle du Nord subit un changement plus important encore : l'embranchement de Boulogne, exclusivement militaire sous l'Empire, fut supprimé et l'on créa, en janvier 1816, une nouvelle ligne sur Calais par Saint-Omer. Le port de Calais avait, en effet, acquis une grande importance comme passage de dépêches et de voyageurs, depuis la reprise des relations entre la France et l'Angleterre, ce qui rendait nécessaire l'établissement de communications rapides avec Paris.

M. Gerspach, à qui nous empruntons ces renseignements, ajoute même que l'on songea, vers la même époque, à appliquer la télégraphie d'une manière efficace au maintien de la paix intérieure du royaume. Un rapport fut soumis au roi pour la division de la garde royale, seule force regardée comme sûre, en cinq cantonnements situés dans un rayon de quinze à vingt lieues de Paris; au centre de chaque cantonnement devait aboutir une ligne télégraphique partant de Paris; en cas d'insurrection, la garde devait, au premier signal, partir en poste pour se porter vers le lieu menacé. Ce projet ne fut pas exécuté.

Pendant toute la période néfaste de la *Terreur blanche*, le télégraphe est utilisé pour faire rechercher et arrêter les anciens généraux de l'Empire et les partisans de Napoléon.

Voici, par exemple, la dépêche par laquelle le duc de Feltre, ministre de la guerre, ordonnait au lieutenant général Liger-Belair, commandant la division de Metz, et au lieutenant général Dubreton, commandant la division de Strasbourg, de faire rechercher le comte de la Valette, ancien directeur général des postes sous l'Empire, évadé de la Conciergerie la veille du jour fixé pour son exécution :

« Paris, le 21 décembre 1815.

« Je m'empresse de vous donner avis que Mme de la Valette ayant procuré des habits de femme à son mari, condamné à mort et qui allait subir son jugement, il est parvenu hier soir à huit heures, à s'échapper de sa prison.

« Faites, autant que possible dans le secret, toutes les dispositions nécessaires pour le découvrir et l'arrêter.

« Voici à peu près son signalement :

« Marie Chamans de la Valette, âgé de quarante-six ans; taille de cinq pieds un pouce, de l'embonpoint; cheveux et sourcils châtains; front découvert et un peu chauve; yeux gris; nez droit et bien fait; bouche moyenne; menton marqué d'une fossette; visage rond et marqué de petite vérole.

« Le Ministre secrétaire d'État de la guerre,

« Le duc DE FELTRE. »

On sait que le comte de la Valette parvint à s'échapper en Belgique sous le costume d'officier de l'armée anglaise.

Le 4 mai 1816, une insurrection éclate à Eybens, village de la banlieue de Grenoble.

Dans la nuit du 4 au 5 mai, des insurgés tentent de s'emparer de Grenoble. Le général Donnadieu est chargé de la répression.

Didier, chef de la conspiration, arrêté en Savoie et livré aux autorités françaises, est condamné à mort par la cour prévôtale et exécuté avec 21 de ses complices. Quant au général Donnadieu, il reçut la croix de commandeur de l'ordre de Saint-Louis.

Ajoutons que, grâce au télégraphe, le gouvernement, tenu jour par jour au courant de la marche de l'insurrection, avait pu don-

ner au général, ainsi qu'aux autorités civiles de l'Isère, les instructions que la situation lui paraissait comporter.

Le 9 juin 1817, les scènes de Grenoble se renouvellent à Lyon;
le télégraphe permit également au gouvernement de suivre de
près les événements et de donner des ordres en conséquence. La
répression fut tout aussi énergique; on poussa la cruauté jusqu'à
condamner à mort et à exécuter un jeune homme de seize ans, ce
dont Louis XVIII fut affligé, comme le montre la dépêche que
le Ministre de l'intérieur adressait le 26 juillet 1817, au préfet du
Rhône :

« Paris, le 26 juillet 1817.

« *Le Ministre de l'intérieur au préfet du Rhône.*

« L'affliction que le Roi a ressentie en apprenant l'exécution d'un
jeune homme âgé de seize ans et quelques mois, a porté S. M. à
faire donner l'ordre transmis par la dépêche télégraphique du 21.
Il faut donc se hâter de faire connaître par le télégraphe les
condamnations prononcées, de manière qu'on puisse vous transmettre à temps les ordres du Roi, si Sa Majesté jugeait à propos
d'en donner. Le cours de la justice ne doit pas néahmoins être
interrompu, si vous ne recevez pas d'ordre dans les délais fixés
par la loi.

« J'ai reçu votre lettre du 22, sur l'horrible scène de Saint-
Genis. Je vous répondrai par le courrier.

« LAINÉ. »

Voici un incident assez curieux auquel donna lieu l'accouche-
ment de la duchesse de Berry, en 1817.

Le 13 juillet 1817, à 7 heures 20 du soir, le ministre de l'intérieur, Lainé, rédigeait une dépêche télégraphique annonçant que la duchesse de Berry était accouchée d'une princesse le même jour, à 11 heures du matin. Cette dépêche, qui était adressée aux préfets et qui leur prescrivait de faire tirer douze coups de canon en l'honneur de l'événement, fut aussitôt portée à l'hôtel des télégraphes pour être transmise le lendemain.

Or, dans la matinée du même jour, le Ministre avait fait remettre aux frères Chappe une autre dépêche destinée à être transmise dans le cas désiré de la naissance d'un prince. Cette dépêche était accompagnée de la lettre qui suit :

« Paris, le 13 juillet 1817.

« Monsieur, Madame la duchesse de Berry ressent les premières douleurs de l'enfantement. Si Son Altesse Royale accouche d'un prince, on tirera *vingt-quatre* coups de canon, et l'on en tirera *douze* si c'est une princesse. Dès que vous aurez entendu vingt-quatre coups de canon, vous voudrez bien faire expédier la dépêche télégraphique suivante sur toutes les lignes.

« Le Ministre de l'intérieur,

« LAINÉ. »

L'événement n'ayant pas justifié ces espérances, les frères Chappe s'abstinrent tout naturellement de mettre en transmission la dépêche qui avait été préparée et ils attendirent une seconde dépêche qui, comme nous l'avons dit, ne leur parvint que dans la soirée.

Quatre ans après, le télégraphe apportait à Paris une grande nouvelle que le gouvernement de la Restauration accueillit avec des explosions de joie. Nous voulons parler de la mort de Napoléon, qui fut annoncée au Ministre de la guerre par la dépêche suivante :

« Calais, 5 juillet 1821, à 4 heures du soir.

« *A S. E. le Ministre de la guerre,*

« Monseigneur,

« Sur l'avis formel du consul de S. M. B., j'ai l'honneur d'informer V. E. de la mort de Napoléon sous la date du 5 mai, des suites d'un abscès (*sic*) dans l'estomac.

« Je suis, Monseigneur, de V. E. le très humble et très obéissant serviteur.

« Le maréchal de camp, lieutenant du roi.

« ROMME. »

Le 21 août 1821, les serviteurs de Napoléon débarquaient à Calais, revenant de Sainte-Hélène par la voie d'Angleterre. Le comte Montholon n'arriva à Calais que le 17 octobre, à 7 heures et demie du soir, précédant d'un jour le général Bertrand.

Cette même année, la question de l'extension du réseau télégraphique ne cessait de préoccuper les frères Chappe. Elle fut portée devant le conseil des Ministres, qui décida, en septembre 1821, que la ligne de Lyon serait prolongée jusqu'à Toulon et que la dépense serait supportée par le Ministère de l'intérieur. La ligne fonctionna trois mois après, le 14 décembre.

En 1822, sur la demande expresse du ministre de la guerre, le gouvernement décida l'établissement de la ligne de Paris à Bayonne passant par Orléans, Poitiers, Angoulême et Bordeaux. Cette ligne, qui fut construite en vue de la guerre d'Espagne, était terminée au mois d'avril 1823.

De son côté, le ministre de la marine avait demandé le tracé par les ports de Nantes et Rochefort. Après la construction de la ligne, il réclama un embranchement sur ces deux ports et la construction de la ligne de Saint-Malo à Cherbourg. Enfin les administrateurs proposèrent aussi l'établissement d'une nouvelle ligne d'Avignon à Perpignan, passant par Nîmes et Montpellier; ils s'appuyaient, pour justifier cette mesure, sur l'état d'agitation religieuse qui régnait dans la région. Ces différents projets furent acceptés en principe, mais leur exécution fut ajournée.

Le service télégraphique avait été placé, par arrêté du 19 avril 1820, dans les attributions de la direction générale de l'administration départementale et de la police du royaume. Cet arrêté ne fut pas cependant mis à exécution, mais nous voyons, par une lettre confidentielle que M. Corbière, ministre de l'intérieur, adressait le 24 mars 1823 à M. Becquay, directeur général des ponts et chaussées, que le but du gouvernement était de placer l'administration des télégraphes plus directement sous sa main et de la soustraire à l'action des frères Chappe.

Ignace et Pierre Chappe qui, depuis 1805, administraient la télégraphie, furent, au mois d'avril 1823, admis à faire valoir leurs droits à la retraite, tout en conservant l'intégralité de leur traitement s'élevant à 10,000 francs.

Un ancien préfet, le comte de Kerespertz, fut nommé administrateur des lignes télégraphiques, sous l'autorité du directeur général des ponts et chaussées, tandis que René et Abraham, les deux autres frères de Chappe, plus connus sous les noms de Chappe-Chaumont et de Chappe des Arcis, furent promus second et troisième administrateurs.

Au nom de la Sainte-Alliance, réunie en congrès à Vérone en 1822, le duc d'Angoulême entrait en Espagne le 7 avril 1823, à

la tête d'une armée française, avec la mission de soutenir Ferdinand VII contre la révolte des Espagnols qui réclamaient de lui
une constitution. Pendant toute la durée de l'expédition, le télégraphe de Bayonne servit à tenir le Gouvernement au courant de
la marche des opérations.

CHARLES X.

Communications entre le gouvernement et le corps expéditionnaire devant Alger. — Concession d'une ligne télégraphique privée entre Paris et Rouen. — Télégraphe du contre-amiral de Saint-Haouen. — Rejet d'un projet de fusion des deux administrations des postes et des télégraphes présenté par le baron de Villeneuve, directeur général des postes.

Lorsque plus tard, au mois de mai 1827, Charles X se vit contraint de déclarer la guerre au dey d'Alger pour venger l'insulte faite à notre représentant, un service rapide de correspondance dut être organisé pour mettre le gouvernement en communication avec le corps expéditionnaire. Aussi le télégraphe joua-t-il, dès le début des opérations, un rôle des plus importants. Voici les dispositions qui furent adoptées : les dépêches du gouvernement étaient transmises télégraphiquement au préfet maritime, à Toulon, qui les expédiait ensuite par un bâtiment au commandant de l'escadre française devant Alger. Quant aux lettres, elles étaient portées par estafette de Paris à Toulon; un avis télégraphique invitait, en même temps, le préfet maritime à tenir un bâtiment prêt à partir pour Alger, au moment de l'arrivée de l'estafette à Toulon. Les rapports du commandant de l'escadre pour le Ministre de la marine étaient également expédiés à Paris par estafette, dès leur arrivée à Toulon.

L'activité qui régnait alors dans le Midi, par suite des mouvements militaires auxquels donnait lieu l'expédition d'Alger, inspira à un capitaine d'état-major, le comte de Montureux, l'idée de mettre le télégraphe à la disposition du public. D'après M. Édouard Pélicier (1), cet officier publia, en effet, dans un journal de Montpellier, au mois d'avril 1830, une étude intitulée : « Réflexions sur la possibilité de faire du télégraphe une branche de revenus pour le Gouvernement et de faciliter les opérations commerciales en mettant ce moyen de correspondance à la disposition des négociants. »

M. de Montureux proposait de mettre annuellement à l'enchère le droit de correspondre par le télégraphe, et d'appliquer aux dépêches un tarif de tant par syllabe, en dehors du prix d'abonnement. Il laissait, bien entendu, aux dépêches officielles la priorité de transmission.

Cette proposition ne pouvait être accueillie. D'une part, en effet, le Gouvernement tenait essentiellement à conserver exclusivement l'usage du télégraphe qui était entre ses mains un puissant instrument politique; d'autre part, la télégraphie aérienne, interrompue pendant la nuit et pendant les plus légers troubles atmosphériques, ne pouvait réaliser cette idée qui avait été le rêve des frères Chappe.

La télégraphie, avons-nous dit, était exclusivement destinée aux communications officielles. Nous devons ajouter cependant que le Gouvernement de Charles X consentit à faire une seule exception à cette règle en faveur d'une compagnie privée représentée par un sieur Ferrier, qui obtint l'autorisation d'établir et d'exploiter une ligne télégraphique entre Paris et Rouen pour la transmission des nouvelles de bourse. Les cours furent transmis par cette voie et affichés à Rouen le même jour; mais, en 1834, le gouvernement de Juillet fit cesser cette correspondance.

_____

(1) *Statistique de la télégraphie privée, depuis son origine en France jusqu'au 1ᵉʳ janvier 1858*, par M. Édouard Pélicier, sous-chef de bureau au Ministère de l'intérieur (*Annales télégraphiques*, année 1858, p. 154)

Nous croyons devoir rappeler aussi que, d'après M. Gerspach, le contre-amiral de Saint-Haouen reprit, en 1820, un projet de télégraphe de jour et de nuit bien supérieur, selon lui, au télégraphe Chappe et qu'il avait vainement proposé en 1809.

Puissamment protégé, dit M. Gerspach, le contre-amiral de Saint-Haouen fit approuver son appareil par le roi Louis XVIII qui, des fenêtres des Tuileries, pouvait le voir fonctionner sur le mont Valérien. Des commissions d'officiers de marine et d'ingé-

Fig. 37. — Allégorie placée en tête des dépêches en 1830.

nieurs firent des rapports très favorables, et, en 1821, le conseil des ministres décida qu'un essai en grand serait tenté entre Paris et Bordeaux, ligne alors projetée, et qui devait être entièrement pourvue du nouveau système en cas de réussite. Les expériences eurent lieu de Paris à Orléans; le contre-amiral de Saint-Haouen subit l'échec le plus complet; il en coûta de 60.000 à 80.000 francs au Gouvernement, qui eut ainsi l'occasion de constater une fois de plus l'incontestable supériorité du système de Chappe.

Le public et la presse étaient, du reste, unanimes à reconnaître les services rendus par la télégraphie aérienne. Qu'on en juge plutôt par l'article suivant du *Journal des Débats* (numéro du 11 avril 1829) :

« La nouvelle de l'élévation de Pie VII au trône pontifical partit de Rome le 31 mars, à huit heures du soir, par un courrier, et arriva le 4 avril à Toulon, à quatre heures du matin. Quatre heures après, elle était parvenue à Paris par le télégraphe. A onze heures, on avait fait réponse. Le courrier, reparti de Toulon à une heure après-midi, était de retour à Rome le 7 avril à huit heures du soir. Ainsi, la nouvelle de l'exaltation de Sa Sainteté est arrivée à Paris en quatre-vingt-quatre heures, et il a fallu seulement huit jours à l'ambassadeur de France pour recevoir la réponse à ses dépêches : 900 lieues ont été parcourues en soixante-dix heures, en défalquant vingt heures perdues. Il n'y a peut-être jamais eu aucun exemple d'une telle rapidité. »

L'auteur de l'article ne prévoyait pas les merveilles de la télégraphie électrique. Il ne se doutait pas qu'un jour viendrait où Rome serait reliée directement avec le poste central de Paris et que les deux villes échangeraient des dépêches imprimées par l'admirable appareil rapide de l'ingénieur Baudot!..

Avant de clore ce chapitre, nous citerons un fait peu connu. Au mois de janvier 1829, le baron de Villeneuve, directeur général des postes, avait réussi à faire agréer par le ministre des finances un projet de fusion entre les deux administrations des postes et des télégraphes. Le ministre de l'intérieur s'opposa formellement à la réalisation de ce projet, parce que, disait-il, *le service des lignes télégraphiques se lie trop essentiellement à ce qui intéresse la police du royaume pour qu'il puisse être question de le séparer du département ministériel dans lequel elle se trouve placée.*

LOUIS-PHILIPPE.

Révolution de Juillet. — Troubles à Lyon. — Trait de courage de M. Morris, inspecteur à Lyon. — M. Marchal, député, commissaire du gouvernement près l'administration des télégraphes. — Retraite de Chappe-Chaumont et de Chappe des Arcis. — Nouvelle de la capitulation de Varsovie parvenue dix jours après à Paris. — M. Alphonse Foy, administrateur. — Réorganisation du réseau. — Services rendus par la télégraphie lors du complot de la duchesse de Berry et pendant sa captivité dans la citadelle de Blaye. — La télégraphie en Algérie. — Essais de télégraphie de nuit par MM. Jules Guyot et Morris. — Premières expériences de télégraphie électrique en Angleterre et en France.

Nous sommes heureux de pouvoir enregistrer ici un trait de courage civique accompli par un fonctionnaire de l'administration des télégraphes, à l'occasion de la remise au général commandant la division militaire à Lyon, de la dépêche télégraphique qui annonça la proclamation de Louis-Philippe en qualité de lieutenant général du royaume.

Le 1ᵉʳ août 1830, la population de Lyon, surexcitée par les événements de Paris, s'était rassemblée en tumulte sur la place de l'Hôtel de ville dans lequel les autorités civiles et militaires étaient réunies. Un conflit était sur le point d'éclater entre la population et la force armée qui défendait l'Hôtel de ville, lorsqu'un piéton, porteur d'une dépêche télégraphique adressée au général, chercha vainement à se frayer un passage. Repoussé et menacé par la troupe qui avait pour mission de ne laisser pénétrer personne à l'Hôtel de ville, le piéton dut se retirer. Il en référa à son inspecteur, M. Morris, chef du service télégraphique à Lyon, qui prit la dépêche, s'ouvrit un passage jusqu'au commandant de la troupe et lui déclara hautement qu'il le rendait responsable du sang qui pouvait être versé s'il lui refusait l'entrée de l'Hôtel de ville où l'appelait une mission des plus importantes. Après quelques instants d'hésitation, le commandant fit accompagner M. Morris par quatre soldats jusqu'auprès du général commandant la division de Lyon. Voici la dépêche télégraphique que M. Morris put enfin remettre au général :

« Paris, le 31 juillet 1830.

A M. le Lieutenant général commandant la 19ᵉ division mᵗᵉ à Lyon.

« Général, suspendez sur-le-champ tout mouvement de troupes qui vous aurait été ordonné. La révolution est consommée à Paris. Son Altesse Royale le duc d'Orléans vient d'être proclamé Lieutenant général du royaume.

« Faites arborer la cocarde tricolore.

« Toutes les troupes sont réunies aux citoyens. Paris est unanime pour le maintien de la Charte.

« Paris offre en ce moment l'aspect d'un camp retranché ; il est barricadé et cent mille hommes des meilleures troupes ne pourraient pas parvenir à y pénétrer. Jamais on n'avait vu des événements plus glorieux pour la nation française.

« Accusez-moi de suite réception de la présente.

« Le lieutenant général sous-commissaire du Département de la guerre.

« Signé : Bᵒⁿ MAURIN. »

Cette dépêche fit l'effet d'un coup de foudre. La nouvelle s'en répandit rapide comme l'éclair, et les mêmes hommes qui, un instant auparavant, étaient sur le point de s'entre-tuer, s'embrassèrent fraternellement. Ce jour-là, M. Morris avait rendu un grand service à la ville de Lyon (1).

Avec la révolution de Juillet, une nouvelle période va s'ouvrir pour la télégraphie qui, tout en conservant son caractère politique, va s'étendre et se réglementer. Mais c'est aussi sous le même régime que se feront les premières expériences de la télégraphie électrique dont l'écrasante supériorité fera disparaître à jamais les machines de Chappe.

Dès que la Révolution de 1830 éclata, le comte de Kerespertz s'empressa de se démettre de ses fonctions. Afin de s'assurer le concours de la télégraphie, le Gouvernement, par une ordonnance du 19 octobre 1830, nomma M. Marchal, député, commissaire du Gouvernement près les télégraphes; les frères Chappe, considérant cette nomination comme une atteinte portée à leur dignité, se retirèrent malgré les instances de M. Marchal.

Ainsi disparurent les derniers représentants de cette famille Chappe qui depuis l'origine avait dirigé avec un dévouement sans bornes l'administration télégraphique, qui était son œuvre et qui semblait être, en quelque sorte, son patrimoine. Mais le nom de Chappe restera toujours populaire et sera toujours considéré, à juste titre, comme le symbole du télégraphe aérien français.

La télégraphie électrique nous permet aujourd'hui de recevoir dans la même journée une réponse de presque tous les points de l'Europe. Cette rapidité, qui nous paraît si naturelle, aurait été, il y a quarante ans, considérée comme un rêve irréalisable, puisqu'en 1830, une nouvelle politique des plus importantes, transmise dans

---

(1) V. *Annales télégraphiques*, année 1859, p. 655 et 656. Nous pouvons ajouter que M. Morris était le père de l'ingénieur distingué qui est actuellement chef du service de l'entretien et de la fabrique des câbles sous-marins.

les conditions les plus favorables au point de vue de la rapidité, mit dix jours pour parvenir de Varsovie à Paris.

Voici les faits auxquels nous faisons allusion :

Dans la nuit du 29 au 30 novembre 1830, une révolution sanglante éclatait à Varsovie, et le grand-duc Constantin était forcé de se retirer à quelques lieues de la ville, accompagné des régiments russes et d'un régiment polonais resté fidèle. Un gouvernement provisoire est constitué.

Cette nouvelle, envoyée par estafette à Berlin, et émanant du consul général de Prusse à Varsovie, parvenait le 4 décembre à Berlin.

Elle fut connue dans la soirée du 8 décembre à Carlsruhe et dans la matinée du 9 à Strasbourg. Le maréchal Schramm, commandant par intérim la 3ᵉ division militaire à Strasbourg, adressa immédiatement au Ministre de la guerre une dépêche télégraphique qui parvint à Paris le même jour dans la matinée, c'est-à-dire dix jours après l'événement annoncé.

La capitulation de Varsovie fut également connue à Paris le dixième jour.

C'est, en effet, dans la soirée du 7 septembre 1831, que la place se rendait aux Russes, et le 16 septembre, à 10 heures du matin, le préfet du Bas-Rhin l'annonçait par le télégraphe au Ministre de la guerre.

Comme on le voit, c'est en jetant un regard vers le passé que l'on peut le mieux se rendre compte des avantages de la situation présente et des progrès réalisés.

Après la démission de M. Marchal et pendant toute la durée du règne de Louis-Philippe, l'administration des télégraphes resta confiée à un homme éminent, M. Alphonse Foy, neveu du grand orateur le général Foy, qui, avec une ténacité des plus louables et avec une remarquable compétence, s'attacha à réaliser d'importantes améliorations.

Jusqu'en 1830, les lignes télégraphiques existantes ne consti-

Fig. 38. — Télégraphe aérien sur l'église Saint-Pierre de Montmartre.

tuaient pas, à proprement parler, un véritable réseau; c'étaient, comme l'a dit M. Édouard Gerspach, des lignes qui rayonnaient de Paris vers les extrémités du territoire, construites à des époques très éloignées les unes des autres et pour des besoins spéciaux. Après la révolution de Juillet, l'administration conçut un plan d'ensemble, qu'elle se proposa de réaliser au fur et à mesure que les Chambres accorderaient les crédits nécessaires. Ces demandes de crédits donnèrent lieu à de nombreuses discussions parlementaires auxquelles M. Alphonse Foy prit une part des plus actives.

Le plan consistait dans la création d'une ligne nouvelle de Paris au Havre et d'un système de lignes concentriques destinées à relier entre elles les lignes rayonnantes. L'utilité des lignes concentriques était incontestable : outre l'extension qu'elles donnaient au réseau par leur propre tracé et par les embranchements qu'elles pouvaient faciliter, elles offraient le grand avantage de permettre aux dépêches de s'écouler par une voie différente lorsque la voie directe se trouvait encombrée ou en dérangement.

Trois de ces lignes étaient projetées : la première devait relier la ligne de Paris à Toulon à celle de Bayonne par Avignon, Montpellier, Toulouse et Bordeaux; la seconde, partant de Dijon, devait aboutir par Strasbourg en passant par Besançon, et la troisième, se détachant de la ligne de l'Est à Metz, se serait dirigée sur Boulogne par Valenciennes et Lille, et de Boulogne aurait gagné la ligne de l'Ouest à Avranches, en passant par Caen et en coupant la ligne projetée de Paris au Havre. Le plan, parfaitement raisonné, donnait à une dépêche deux voies au moins pour arriver à destination, et faisait entrer dans le réseau les places fortes des frontières du Nord, les centres commerçants du littoral de la Manche et les villes importantes du Midi; des embranchements spéciaux devaient rattacher Cherbourg, Boulogne, Nantes et Perpignan. Ce projet ne devait pas être exécuté en entier, car la Chambre des députés n'accorda les crédits que successivement et avec parcimonie.

Ce fut par la ligne du Sud que l'exécution commença. La sec-

tion d'Avignon à Montpellier fut terminée en mars 1832 et celle
de Montpellier à Bordeaux en août 1834. Les embranchements
de Nantes et de Cherbourg furent votés en 1833; celui de Perpignan la même année.

Le gouvernement attachait la plus grande importance à l'exécution du plan conçu par l'administration. Il y tenait d'autant
plus que les nombreuses complications politiques auxquelles il
avait à faire face, tant à l'intérieur qu'à l'extérieur, exigeaient
qu'il pût disposer des moyens les plus rapides d'information.

Au bruit du trône qui s'écroulait à Paris, le 29 juillet 1830, a
dit M. Victor Duruy, tous les trônes avaient été ébranlés, tous les
pouvoirs impopulaires compromis.

La Belgique s'était séparée de la Hollande et s'offrait à la France;
on la repoussa pour ne point exciter la jalousie de l'Angleterre.
Les réfugiés espagnols voulaient tenter une révolution dans leur
pays, on les arrêta sur la frontière par respect pour le droit international. La Pologne, un instant délivrée, était retombée sous le
joug de la Russie, en appelant la France à son secours. L'Italie,
écrasée par l'Autriche s'agitait pour briser ses fers. Louis-Philippe
se sépara de M. Laffitte, qui voulait secourir l'Italie.

Vint le ministère Casimir Périer (1831-1832), qui se trouva en
présence de nouvelles difficultés. Une flotte française franchit les
passes du Tage et obtint réparation d'une injure faite à la France
par le roi Don Miguel de Portugal. Une armée de cinquante
mille hommes se porta au secours de la Belgique envahie par les
troupes hollandaises; l'occupation d'Ancône fit reculer l'armée
autrichienne, qui avait occupé de nouveau les États pontificaux.
Enfin, une armée d'occupation protégeait le drapeau tricolore qui
flottait sur Alger et cherchait à étendre la conquête. Telle était la
situation de la France à l'extérieur.

A l'intérieur, la guerre civile semblait être en permanence.

En novembre 1831, éclata la terrible insurrection de Lyon. L'année 1832 fut également fertile en complots et en émeutes. Le mécontentemt public se traduisait par l'affaire des tours Notre-Dame (janvier), les troubles de Perpignan, de Toulouse, de Clermont, de Grenoble, de Strasbourg, de Marseille, de Vendée, etc. Bientôt après le choléra s'abattit sur la France, faisant à Paris plus de dix-huit mille victimes, parmi lesquelles le président du conseil, Casimir Périer (16 mai 1832).

Le cabinet qui lui succéda ne fut reconstitué que le 11 octobre 1832, avec le maréchal Soult comme président et ministre de la guerre, Thiers, Broglie, Guizot, etc. On voit à quelles difficultés il avait à faire face et l'intérêt qu'il avait à pouvoir être rapidement informé de tout ce qui se passait sur les différents points du territoire. Mais c'est surtout pour la répression de l'insurrection vendéenne que le gouvernement fit appel à toutes les ressources de la télégraphie.

L'âme du complot était, comme on sait, la duchesse de Berry (Marie-Caroline) qui, après avoir obtenu de Charles X sa nomination de régente, avait quitté l'Angleterre, gagné la Hollande, Mayence, Gênes, où le roi Charles-Albert lui avait prêté un million, et était arrivée dans les États du duc de Modène, qui lui avait offert pour résidence son palais de Massa.

Ce fut à Massa que se prépara l'expédition de Vendée.

La police de France, qui n'avait pas perdu de vue un seul instant la duchesse, avait constamment les yeux fixés sur la petite cour qui s'était constituée à Massa.

Aussi son arrivée en Italie, en 1831, fit-elle pressentir un danger immédiat. Le Gouvernement était tenu par télégraphe au courant, jour par jour, de ses démarches, des allées et venues de ses partisans, par l'intermédiaire du préfet des Bouches-du-Rhône et du commandant militaire à Toulon. Les ordres les plus précis furent donnés pour redoubler de surveillance.

D'après Alexandre Dumas (1), la duchesse de Berry fut prévenue par M. de Metternich, vers le commencement de l'année 1832, que sa présence à Massa était dangereuse, que le gouvernement français avait l'œil sur elle, et qu'elle eût à appliquer à ses projets la prudence la plus complète.

Le gouvernement avait prescrit, en effet, d'entretenir une croisière dans la Méditerranée pour surveiller les tentatives de la duchesse; si quelque bâtiment paraissait suspect, ordre était donné de courir sus, et, en cas d'arrestation de la duchesse, elle devait être conduite en Corse où l'on attendrait les instructions du gouvernement.

Rien ne put arrêter la duchesse, qui s'embarquait le 24 avril, à minuit, à bord du bateau génois le *Carlo-Alberto*, qu'elle quittait le 28, à minuit, pour reprendre une petite barque qui la déposa sur les côtes de Provence. La croisière parvint à s'emparer du *Carlo-Alberto* que l'on fouilla en tous sens dans l'espoir d'y découvrir la duchesse; le télégraphe faisait rage entre Paris et Marseille. De son côté, la duchesse, voyant l'insuccès du soulèvement qui avait éclaté à Marseille le 29, s'éloignait du Midi et parvenait à se soustraire à toutes les recherches; allant de château en château, s'arrêtant le jour, voyageant la nuit, elle traversait le Midi, gagnait l'Ouest, et, dans la nuit du 9 au 10 juin, elle entrait à Nantes, vêtue en paysanne.

En présence de l'insuccès des recherches faites à bord du *Carlo-Alberto*, le gouvernement supposa que la duchesse avait pu

---

(1) *Histoire de la vie politique et privée de Louis-Philippe*, par Alexandre Dumas, Paris, 1852, t. II, p. 66.

débarquer à Rosas, en Catalogne, rejoindre ensuite par terre un port de la côte nord de l'Espagne et s'y embarquer de nouveau à destination de l'un des points de la côte française. Il s'empressa d'envoyer par télégraphe les instructions les plus précises au sous-préfet de Bayonne et à tous les préfets de la région du sud-ouest, pour les inviter à se tenir sur leurs gardes. Le 2 juin 1832, le ministre de la marine donnait des instructions analogues au commissaire général de la marine, à Bordeaux. « Employez tous vos moyens de surveillance sur le littoral le jour et la nuit, lui disait-il; qu'on visite scrupuleusement tout navire ou bateau et qu'on arrête les personnes suspectes. » Deux jours après, le 4 juin, le préfet maritime de Rochefort recevait l'ordre d'employer trois péniches à la surveillance des côtes. Cet ordre fut transmis télégraphiquement à Bordeaux et de là par estafette à Rochefort. Ce même jour, 4 juin, le ministre de l'intérieur, M. de Montalivet, convaincu de la présence de la duchesse de Berry et du général de Bourmont en Vendée, prescrivait la mise en état de siège des départements des Deux-Sèvres, de Maine-et-Loire, de la Vendée et de la Loire-Inférieure. En notifiant cette décision aux préfets de la Gironde et de la Charente-Inférieure et au sous-préfet de Bayonne, il les invitait à prendre les mesures les plus promptes et les plus vigoureuses pour faire arrêter la duchesse et sa suite, si elle venait à se présenter dans leur département.

Les dépêches se succédaient ainsi sans interruption dans presque toute la région de l'ouest; quant à celles qui étaient adressées à des villes situées en dehors du réseau télégraphique, elles étaient portées par des estafettes de la station la plus rapprochée. C'est ainsi que les nombreuses dépêches pour Nantes, foyer de l'insurrection, étaient portées de Tours par estafette.

Enfin, le 8 novembre 1832, le maréchal Soult avait la satisfaction d'adresser la dépêche suivante datée de Nantes du 7,
aux généraux commandant les divisions militaires ainsi qu'aux
préfets de Metz, Tours, Strasbourg, Lyon, Marseille, Montpellier,
Bordeaux, Rennes et Lille :

« La duchesse de Berry vient d'être arrêtée; elle est au château de cette ville. »

Le surlendemain, la prisonnière était embarquée sur un petit
brick de guerre à destination de la petite ville de Blaye, où
quelques années auparavant, le 13 juillet 1828, elle avait été
reçue avec tous les honneurs rendus à une princesse royale!
Enfermée dans la citadelle de Blaye, sous la garde du général
Bugeaud, elle en sortit le 28 juin 1833.

Pendant toute la durée de la captivité de la duchesse, le télégraphe permit au gouvernement de se tenir en relation constante avec le général Bugeaud, à qui le général Soult avait
recommandé, dès le 10 novembre, de prendre toutes les mesures
de précaution nécessaires pour la garde de la princesse et de
lui rendre compte jour par jour des moindres événements qui
pourraient survenir. Aussi la correspondance fut-elle des plus
actives entre Blaye et Paris. Les dépêches se succédaient avec
rapidité, tandis que les rapports détaillés du général, de même
que les instructions écrites du gouvernement, étaient expédiés par
estafettes. Celles de ces dépêches qui ont trait aux mesures prises
par le gouvernement pour la constatation officielle de l'accouche-
ment de la duchesse de Berry, présentent tout l'intérêt de l'histoire
avec l'attrait du roman.

Le fait suivant montre également l'avantage que le gouvernement pouvait tirer du télégraphe dans des cas urgents.

Le ministre de l'intérieur apprend, le 7 juin 1833, que des

carlistes viennent d'expédier de Paris un courrier porteur de dépêches destinées à la duchesse de Berry, à Blaye. Il s'empresse de télégraphier aux préfets de Tours et de Bordeaux ainsi qu'au général Bugeaud l'ordre de se saisir de ces dépêches, de les remettre à la justice et d'empêcher, en tout cas, que ni les dépêches ni le courrier ne puissent parvenir à la princesse.

Voici un autre exemple, postérieur de quelques années, qui permettra de mieux apprécier les services que pouvait rendre dans certains cas, la télégraphie aérienne combinée avec les estafettes et les malles-poste.

Le 13 août 1839, le chef du cabinet de M. de Rémusat, président du conseil, annonçait par le télégraphe, à ce dernier qui se trouvait alors à Laffitte (Haute-Garonne), que son jeune fils, M. Pierre de Rémusat, était menacé d'une fièvre dangereuse.

Cette dépêche, déposée à Paris à midi et demi, parvint le même jour, à 5 heures 1/2, au préfet de la Haute-Garonne, qui reçut l'ordre de la faire porter immédiatement par estafette à Lafitte.

Une nouvelle dépêche donnant des nouvelles moins alarmantes, fut déposée à Paris à 3 heures 1/2 et fut reçue à Toulouse à 6 heures 1/2.

Enfin une troisième dépêche adressée au préfet et partie de Paris à 4 heures 1/2, ne parvint à Toulouse que le lendemain. Elle était ainsi conçue : « Si M. de Rémusat et sa femme partent pour Paris, dites-moi par le télégraphe l'heure de leur départ et la route qu'ils prendront. S'ils passaient par Bordeaux, je leur ferais donner des nouvelles de leur fils par le télégraphe à Bordeaux et à Tours. S'ils prennent la route de Limoges, dites-leur que tous les courriers de malle-poste qu'ils rencontreront sur la route leur donneront une lettre. »

Le 17 août, M. et Mme de Rémusat arrivaient à Paris, après avoir été tenus constamment au courant, sur leur route, de la marche décroissante de la maladie de leur fils.

L'administration des télégraphes ne cessait de se préoccuper de l'extension du réseau. Vers la fin de l'année 1841, elle construisait une ligne de Calais à Bayonne, destinée spécialement au service des dépêches d'Angleterre. On commença, en 1842, la ligne de jonction de Dijon à Strasbourg, mais elle ne s'étendit pas au delà de Besançon.

Enfin, au cours de la session de 1844, le gouvernement présenta à la Chambre des députés un projet de loi pour la création des lignes de Paris au Havre et de Metz à Avranches, mais le projet de loi ne fut pas même discuté. Les première expériences de la télégraphie électrique venaient d'avoir lieu et avaient eu un trop grand retentissement pour qu'il ne fût pas facile de prévoir la disparition prochaine de la télégraphie aérienne. La ligne de Bayonne fut cependant encore prolongée jusqu'à la frontière en 1846. Le réseau aérien ne devait plus s'accroître en France. Il comprenait alors 534 stations et avait une étendue de 5.000 kilomètres. Les vingt-neuf villes suivantes étaient en correspondance avec Paris :

Lille, Calais, Boulogne ;

Châlons, Metz, Strasbourg ;

Dijon, Besançon, Lyon, Valence, Avignon, Marseille, Toulon ;

Tours, Poitiers, Angoulême, Bordeaux, Bayonne ;

Agen, Toulouse, Narbonne, Perpignan, Montpellier, Nîmes.

Avranches, Cherbourg, Brest, Rennes, Nantes ;

Tandis que la télégraphie aérienne était sur le point de disparaître en France, le gouvernement résolut de l'introduire en Algérie pour prêter son concours aux opérations militaires.

M. Alexandre, fonctionnaire de l'administration, fut chargé

d'aller étudier sur place l'établissement de grandes lignes et d'organiser le personnel nécessaire, et, au mois de juin 1844, le ministre de la guerre prit un arrêté organisant définitivement la télégraphie dans toute la colonie.

L'exécution du réseau algérien et l'organisation du service furent confiées à M. César Lair, en 1844. Dix ans plus tard, les lignes partant d'Alger desservaient les stations suivantes :

Du côté de l'ouest et du sud-ouest : Blidah, Milianah, Medeah, Cherchel, Tenez, Orléansville, Mostaganem, Oran, Sidi-bel-Abbès et Tlemcen;

Du côté de l'est : Aumale, Dellys, Bougie, Sétif, Constantine, Philippeville, Guelma, Bône;

Du côté du sud-est : Batna, Biskra.

Ces différentes stations étaient généralement plus éloignées les unes des autres qu'en France; la pureté de l'atmosphère avait permis de les distancer de 10 à 12 lieues en moyenne. Le dernier poste de télégraphie aérienne fut démoli en Algérie, en 1859, par M. César Lair, qui, bizarre coïncidence, avait construit la première station.

Au moment même où avait lieu l'introduction de la télégraphie en Algérie, l'administration de M. Foy se préoccupait d'améliorer l'œuvre de Chappe. Déjà l'on avait remplacé par un vocabulaire plus étendu et plus complet les trois vocabulaires télégraphiques primitifs.

En même temps, l'un des administrateurs, M. Flocon, avait introduit une heureuse modification dans le mécanisme. Cette modification, expérimentée avec succès sur la section de Perpignan à Narbonne, la plus difficile en raison de l'extrême violence et de la constance des vents, avait permis d'obtenir une vitesse correspondante supérieure à celle obtenue sur les autres lignes.

Enfin les efforts de M. Foy se concentraient vainement sur la solution du difficile problème de la télégraphie de nuit, qui préoccupait aussi les savants et les chercheurs.

Le docteur Jules Guyot se fit particulièrement remarquer par la persévérance qu'il mit à vouloir résoudre ce problème. « C'est

Fig. 39. — Poste télégraphique français en Algérie.

une chose bien remarquable, disait-il avec justesse, que jusqu'en 1892, et dès la plus haute antiquité, chez tous les peuples barbares ou civilisés, la télégraphie ait à peu près exclusivement reposé sur l'emploi des signaux de nuit, tandis que depuis 1792 elle est exclusivement constituée par les signaux de jour. »

Voici les motifs sur lesquels il s'appuyait pour faire ressortir l'utilité de la télégraphie de nuit : « Il est démontré que le repos de nuit du télégraphe laisse une lacune majeure et funeste dans l'activité de la correspondance. Tous les événements qui s'accomplissent, toutes les nouvelles qu'on apporte après deux heures du soir en hiver et après cinq heures du soir en été, ne peuvent être passées des départements au gouvernement que vers dix heures du lendemain matin, c'est-à-dire vingt heures après en hiver, et vers sept heures du lendemain matin, c'est-à-dire quatorze heures après en été, en admettant le temps le plus favorable. Dans la majorité des cas, elles ne pourront être passées que dans le courant de la journée en été, et pas du tout en hiver, tandis qu'on aura laissé les plus longues et les plus belles nuits sans emploi. D'un autre côté, le gouvernement, qui s'inspire des événements pour trouver les moyens de les diriger, délibère sur les nouvelles qu'il reçoit le jour; la nuit arrive, et ses ordres les plus importants, les plus pressés, passeront cette nuit à attendre, seront transmis quatorze et vingt heures après qu'ils auront été arrêtés et rédigés.

« Et pourtant la nuit, où l'activité humaine sommeille, aussi bien pour l'exécution des complots contre la société que dans la lutte des sociétés entre elles, aussi bien pour l'émeute que pour la bataille, la nuit est le temps le plus précieux pour organiser la défense ou préparer l'attaque : les masses dorment, les chefs doivent veiller; ils doivent s'entendre entre eux à distance, ils doivent avoir tout prévu, tout décidé; quand le soleil monte sur l'horizon pour rendre aux masses toute leur énergie, cette énergie doit avoir reçu le frein qui doit la diriger ou la coercer dans l'intérêt de tous.

« Je ne crains pas de l'affirmer, la télégraphie de nuit est appelée à rendre au pays des services plus importants que la télégraphie de jour. Sans la télégraphie de nuit, la télégraphie ne jouit pas de la moitié de ses avantages, elle est souvent dépassée en vitesse et en ponctualité par les moyens ordinaires de communication. Que sera-ce donc dans quelques années d'ici, où les chemins de fer couvriront le sol de la France, et parcourront cent soixante lieues dans une nuit d'hiver et quatre-vingts lieues dans une nuit d'été? Et si nous ajoutons quatre heures de jour pour la transmission télégraphique de la dépêche, le chemin de fer l'emportera de deux cents lieues sur le télégraphe pendant l'hiver, et de cent vingt lieues en été.

« Suivons, au contraire, la marche d'une dépêche dans l'hypothèse de la télégraphie de jour et de nuit : je suppose cette dépêche d'une durée de quatre heures; elle part de Toulon à deux heures du soir, elle est rendue à Paris à six heures : le gouvernement délibère, arrête ses instructions ou ses ordres; il les expédie à dix heures du soir : la dépêche arrive à deux heures du matin; les autorités ont encore jusqu'au lever du soleil pour se concerter et préparer leurs moyens d'action.

« Jamais, par aucun procédé, vitesse pareille ne sera obtenue, jamais par aucune voie de locomotion le gouvernement ne sera devancé, s'il adopte la télégraphie de nuit... (1) ».

Le docteur Guyot préconisait l'emploi d'un nouveau combustible, l'hydrogène liquide, qui, d'après M. l'abbé Moigno, jouissait de la singulière propriété de brûler, comme le gaz d'éclairage, par volatilisation et sans mèche, bien qu'il se présentât sous forme d'un liquide incolore et limpide. L'inventeur rencontra de nombreux partisans dans le public, dans le gouvernement et à

_____

(1) *De la télégraphie de jour et de nuit*, par le Dʳ J. Guyot; Paris, 1840, p. 74.

la Chambre des députés, mais l'administration des télégraphes lui opposa une résistance invincible. Elle prétendait que les cas où la télégraphie de nuit pouvait être appelée à fonctionner étaient extrêmement rares, que les dépenses nécessitées par le procédé proposé seraient hors de proportion avec les services rendus, enfin que le but principal à atteindre, c'est-à-dire le rapide écoulement des dépêches, serait obtenu en construisant de nouvelles lignes destinées à couper et à décharger les lignes existantes. Après de longues hésitations, elle finit cependant par opposer au système du docteur Guyot un autre mode d'éclairage imaginé par M. Morris, directeur à Calais.

Lorsque la question se présenta devant la Chambre, en 1842, le rapporteur, M. Pouillet, défendit le projet Guyot qui avait donné des résultats « concluants » à la suite de plusieurs expériences. Cette opinion fut vivement combattue par François Arago, qui s'appuya sur les dangers que présentait la trop grande combustibilité du liquide et sur l'insuccès des expériences. Au surplus, ajoutait-il, la télégraphie aérienne a fait son temps, puisqu'elle est destinée à être, dans un avenir prochain, remplacée par la télégraphie électrique.

Malgré l'intervention d'Arago, la Chambre adopta le projet de loi à une grande majorité; sur le montant du crédit ouvert, le ministre accorda 20,000 francs à M. Guyot et 10,000 francs à M. Morris.

Des expériences comparatives furent faites sur la ligne de Paris à Dijon et sur celle de Paris à Tours; des dépêches furent échangées avec succès, mais, comme le fait remarquer M. Gerspach, il était trop tard, et bientôt après la question changea de face : ce ne fut plus la télégraphie de nuit qui fut en jeu, mais bien la télégraphie aérienne tout entière.

C'est qu'en effet la télégraphie électrique avait déjà fait son apparition en Angleterre, où une véritable ligne électrique avait été construite, en 1841, sur le chemin de fer du Great-Western, entre la station de Slough et Londres, sur une longueur de 25 milles. Cet essai eut en France un très grand retentissement et M. Foy se rendit à Londres pour aller étudier sur place l'application nouvelle; à son retour, il fit partager au Gouvernement l'ardente confiance dont il était animé dans le succès définitif de la télégraphie électrique. Le télégraphe à cadran de Wheatstone, modifié depuis par M. Bréguet, fut importé en France en 1842 et fonctionna entre Paris, Saint-Cloud et Versailles.

Une ordonnance royale du 23 novembre 1844 ouvrit un crédit extraordinaire de 240.000 francs pour faire des expériences en grand. Les travaux commencèrent aussitôt sur la voie du chemin de fer de Paris à Rouen. Le 22 janvier 1845, les poteaux étaient plantés et, le 27 avril, la ligne en fil de cuivre put fonctionner de Paris à Mantes; enfin, le 18 mai, en présence d'une commission composée des hommes les plus compétents, des dépêches furent échangées entre Paris et Rouen. C'était également entre Paris et Rouen qu'avaient eu lieu, quelques mois auparavant, les premiers essais du service des bu   ·ux de poste ambulants.

La cause était gagnée, et pendant la session de 1846 le gouvernement présenta à la Chambre un projet de loi ouvrant un crédit extraordinaire de 408.650 francs, pour l'établissement d'une ligne télégraphique de Paris à Lille. Par une singulière coïncidence, la première ligne de télégraphie aérienne construite par Chappe avait été précisément la ligne de Paris à Lille.

RÉPUBLIQUE DE 1848.

M. Flocon, administrateur en chef des télégraphes.

Le système aérien disparut peu à peu devant la télégraphie électrique. Il fut cependant remis en faveur pendant la République de 1848, par un homme distingué, M. Flocon, nommé administrateur en chef des télégraphes et ancien collaborateur des frères Chappe, qui ne pouvait se résoudre à voir disparaître ces vieilles machines qu'il aimait avec passion et qu'il s'attachait sans cesse à perfectionner.

PRÉSIDENCE

DE LOUIS-NAPOLÉON BONAPARTE.

M. Lemaistre, administrateur en chef des télégraphes. — M. Foy, administrateur. — Le système aérien et le système électrique fonctionnant concurremment sur certains points. — Suppression du dernier poste télégraphique aérien en 1856. — Description sommaire du système. — Les adieux du chansonnier Gustave Nadaud au télégraphe aérien.

Au mois d'octobre 1848, M. Flocon prit sa retraite et M. Lemaistre resta seul administrateur en chef, avec deux administrateurs qui lui furent adjoints.

M. Foy fut rappelé à la tête du service télégraphique en novembre 1849; il conserva ses fonctions jusqu'au mois d'octobre 1853, époque à laquelle il fut remplacé par M. de Vougy, qui, en juin 1854, prit le titre de directeur général des lignes télégraphiques.

Le système aérien fonctionna sur certains points, concurremment avec le service électrique, mais cette lutte inégale prit irrévocablement fin en 1856, année pendant laquelle le dernier poste aérien fut démoli.

Précédemment, en 1854, la télégraphie aérienne avait joué un rôle qui n'avait pas été le moins glorieux de son histoire. Nous voulons parler de la guerre de Crimée sur laquelle nous reviendrons dans le chapitre spécial que nous consacrons à la télégraphie militaire.

Nous ne terminerons pas cet exposé sans décrire sommairement la machine du télégraphie aérien.

« Qu'on se figure, dit M. Étenaud, une modeste tour, bâtie en général sur un monticule et surmontée d'un mât. A l'extrémité de ce mât, il existait une traverse mobile appelée régulateur, et à chacune des extrémités de ce régulateur, un indicateur mobile en bois. Ces trois pièces étaient peintes en noir, afin qu'elles pussent bien se détacher et se voir clairement du poste correspondant. Elles étaient mises en mouvement dans l'intérieur de la tour au moyen de cordes en laiton, communiquant avec un appareil qui reproduisait dans de faibles proportions, les trois pièces mobiles placées au sommet du mât. Les deux indicateurs formaient avec le régulateur des angles aigus, droits ou obtus, et on parvenait ainsi à former de nombreuses combinaisons. Chaque poste était muni d'une lunette à longue portée, établie dans l'intérieur de la tour, et c'est de cette lunette que le stationnaire apercevait les signaux transmis par son correspondant. Ces signaux, au fur et à mesure de leur réception, étaient transcrits sur une feuille spéciale, et lorsque la dépêche était achevée, le stationnaire du poste extrême de la division la remettait au directeur chargé de la traduire au moyen des vocabulaires (1). »

Les frères Chappe avaient imaginé trois vocabulaires. Le premier, dit *vocabulaire des mots*, renfermait 8.464 mots; le second, appelé *vocabulaire phrasique*, comprenait 92 pages contenant chacune 92 phrases, ou membres de phrases, ce qui faisait 8.464 autres parties d'idées reproduites. Ces phrases s'appliquaient particulièrement à la marine et à la guerre : mais il fallait, dans ce cas, un signe pour indiquer le vocabulaire phrasique, un autre

---

(1) *La Télégraphie électrique en France et en Algérie*, par M. Alfred Étenaud, aujourd'hui directeur des postes et des télégraphes en retraite; Montpellier, 1872.

pour la page, et un troisième pour le numéro de la page. Enfin un troisième vocabulaire, appelé *géographique*, contenait les noms de lieux et quelques phrases employées dans les correspondances.

Fig. 40. — Poste télégraphique aérien.

Quatre-vingt-douze signaux dits primitifs servaient à exprimer les divers renseignements de service tels que le degré d'urgence de la dépêche, sa destination, la fin de la transmission, les congés d'une demi-heure, d'une heure, l'erreur, l'absence ou le retard d'un préposé, le brouillard, la pluie, etc.

Pour donner une idée de la célérité des transmissions, nous ajouterons qu'à Paris on pouvait avoir des nouvelles de Lille (60 lieues) en 2 minutes; de Strasbourg (120 lieues) en 5 min. 52 sec.; de Brest (150 lieues), en 6 min. 50 sec.; de Toulon (207 lieues) en 12 min. 50 sec., etc.

Ces vitesses ne s'obtenaient, il est vrai, que dans les conditions les plus favorables, et il arrivait malheureusement trop souvent qu'en remettant une dépêche tronquée, le télégraphe la faisait suivre d'une note contenant ces mots sacramentels : *Interrompue par le brouillard;* » mais malgré ses imperfections, le télégraphe aérien n'en a pas moins rendu d'immenses services dont il n'est que juste de tenir compte à son inventeur : il a été le point de départ de cette merveilleuse télégraphie électrique qui sillonne aujourd'hui tous les pays civilisés.

Rien n'a manqué à la gloire du vieux télégraphe aérien, pas même les adieux du chansonnier.

Qu'on en juge plutôt par les vers suivants, dans lesquels notre poète si justement populaire, Gustave Nadaud, a mis le meilleur de son esprit et de sa verve gauloise :

LE VIEUX TÉLÉGRAPHE.

Que fais-tu, mon vieux télégraphe,
Au sommet de ton vieux clocher,
Sérieux comme une épitaphe,
Immobile comme un rocher?
Hélas! comme d'autres peut-être,
Devenu sage après la mort,
Tu réfléchis, pour les connaître,
Aux nouveaux caprices du sort.

C'est que la vie est déplacée;
Les savants te l'avaient promis,
Et toute royauté passée
N'a plus de flatteurs ni d'amis.
Autrefois tu faisais merveille,
Et nous demeurions tout surpris
De voir, en un seul jour, Marseille
Envoyer deux mots à Paris.

Tu lus l'énigme de notre âge;
Nous voulions, enfants curieux,
Deviner ce muet langage,
Qui semblait le parler des dieux.
Lorsque tes bras cabalistiques
Lançaient à l'horizon blafard
Les mensonges diplomatiques
Interrompus par le brouillard!

Maintenant, en une seconde,
Le Nord cause avec le Midi;
La foudre traverse le Monde
Sur un brin de fer arrondi,
L'esprit humain n'a point de halte,
Et tu restes debout et seul,
Ainsi qu'un chevalier de Malte
Pétrifié dans son linceul!

Tu te souviens des diligences,
Qui roulaient jadis devant nous,
Portant écoliers en vacances,
Gais voyageurs, nouveaux époux;
Tu ne vois plus, au clair de lune,
Aux rayons du soleil levant,
Passer tes sœurs en infortune,
Qui jetaient leur poussière au vent!

Ainsi s'éteignent toutes choses
Qui florissaient au temps jadis;
Les effets emportent les causes,
Les abeilles sucent les lis!

Ainsi chaque règne décline,
Et les romans de l'an dernier
Et les jupons de crinoline,
Et les astres de Le Verrier!

Moi, je suis un pauvre trouvère,
Ami de la douce liqueur :
Des chants joyeux sont dans mon verre ;
J'ai des chants d'amour dans le cœur.
Mais à notre époque inquiète
Qu'importent l'amour et le vin?
Vieux télégraphe, vieux poète,
Vous vous agiteriez en vain!

Puisque le destin nous rassemble,
Puisque chaque mode a son tour,
Achevons de mourir ensemble
Au sommet de ta vieille tour.
Là, comme deux vieux astronomes,
Nous regarderons fièrement
Passer les choses et les hommes
Du haut de notre monument.

LA TÉLÉGRAPHIE ÉLECTRIQUE.

PRÉSIDENCE DE LOUIS-NAPOLÉON BONAPARTE.
SECOND EMPIRE.

Progrès réalisés par la télégraphie électrique.— Rivalités entre la télégraphie aérienne et la télégraphie électrique en France et en Allemagne.— Concessions accordées à des compagnies de chemins de fer.— M. Alphonse Foy, administrateur. — Construction de nouvelles lignes.— Loi du 29 novembre 1850 sur la télégraphie privée.— Critiques d'un contemporain.— Extensions successives du réseau. — Communications sous-marines entre la France et l'Angleterre. — Essai d'établissement d'une ligne entre la France et l'Angleterre.— Améliorations réalisées par M. de Vougy, directeur général.— Substitution de l'appareil Morse à l'appareil Foy-Bréguet. — Loi du 12 juin 1854. — M. Alexandre, directeur du service des télégraphes.— M. de Vougy rappelé en qualité de directeur général. — Adoption de l'appareil imprimeur de M. Hughes. — Loi du 3 juillet 1861. — Réseau souterrain de Paris.— Câbles reliant la France avec l'Angleterre, l'Algérie et la Corse.— Appareil autographique Caselli.— Conférence télégraphique internationale de Paris.— Création du réseau pneumatique de Paris.— Conférence de Vienne. — Appareil autographique Meyer.— Les câbles transatlantiques.— Développement du service télégraphique pendant la deuxième administration de M. de Vougy.

Parmi les rêves enfantés par l'imagination populaire et que le cours des événements a changés en réalité, il n'en est pas de plus frappant que l'invention de la télégraphie électrique, qui a complété si heureusement la révolution économique commencée dans la sphère des relations industrielles par les chemins de fer. L'enthousiasme qu'elle a soulevé dès son apparition était assurément fort légitime, car il témoigne de l'impatiente ardeur qui nous pousse à résoudre l'éternel problème de la suppression des distances.

Nous allons esquisser à grands traits dans ce chapitre, les progrès et les développements prodigieux de la télégraphie électrique en France, dont l'histoire, dégagée du point de vue scientifique forcément un peu aride, est loin d'être dépourvue d'intérêt, et nous ne désespérons pas de faire partager ce sentiment au lecteur.

Dans les chapitres qui précèdent, nous avons essayé de mettre en lumière le double rôle militaire et politique de la télégraphie aérienne qui n'avait été jusqu'alors qu'un instrument à l'usage exclusif de l'État.

Avec l'électricité, nous allons voir cette institution subir une transformation radicale dans son organisation et ses procédés et se plier docilement aux moindres exigences de la vie sociale.

Qu'on la considère, en effet, au point de vue des relations de peuple à peuple, de gouvernement à gouvernement, de famille à famille, d'individu à individu, la télégraphie électrique a comblé un vide immense et réalisé un progrès merveilleux que les esprits les plus hardis avaient à peine osé entrevoir.

Comme l'a dit un écrivain anglais, M. Walker, « le télégraphe électrique a une existence à part : il ne peut être remplacé par rien, il fait ce que la poste ne peut pas faire, il distance les pigeons voyageurs, il va plus vite que le vent, il arrache le sablier de la main du Temps et supprime les limites de l'espace... »

Si la télégraphie électrique rencontra en France des partisans tout aussi enthousiastes que M. Walker, nous devons ajouter qu'elle trouva aussi quelques incrédules. Ce n'était nullement le principe de l'instrument lui-même qui provoquait les critiques, mais bien la crainte de ne pouvoir protéger les fils contre la malveillance.

Écoutons plutôt les attaques passionnées d'un ardent adversaire de la télégraphie électrique, le docteur Jules Guyot, dont nous avons précédemment parlé :

« Ayez donc à soutenir une nouvelle guerre civile ou une invasion quelconque avec la seule télégraphie électrique; ayez à suivre les opérations d'une grande armée, soit qu'elle avance, soit qu'elle recule. Avec la télégraphie aérienne de jour et de nuit, vous suivrez vos dépêches de clocher en clocher, de poste en poste; jamais vous ne manquerez de communication avec les foyers d'insurrection et le théâtre de la guerre. Que peut-on attendre de misérables fils dans de pareilles circonstances? Vous ignorez donc que la télégraphie n'a d'importance que dans les commotions des nations? que lorsqu'elle ne sert que pour transmettre les dépêches administratives, elle dort pour attendre les moments d'urgence? que hors de ces moments, ses services sont presque nuls? que quand tout est calme, le Gouvernement n'est guère plus pressé que tout le monde? que pour dominer les chemins de fer, il faut en être indépendant? que si un seul train envahi apportait à l'improviste l'émeute ou l'ennemi, l'ennemi par cela même serait maître du télégraphe sur toute la ligne... Non, la télégraphie électrique n'est pas une télégraphie gouvernementale sérieuse; elle ne sera jamais un préservatif contre les moyens terribles de transport d'hommes et d'armes; elle sera toujours à la merci des plus légères agitations et des individus les moins courageux; elle n'est bonne réellement que pour établir une correspondance entre deux points parfaitement gardés sur toute leur distance en pleine paix, et pour transmettre des nouvelles ou des

ordres qui ne peuvent blesser des tiers ou leur causer aucun pré-
judice. De jeunes fous, des ivrognes, des vagabonds, les réfrac-
taires, les banqueroutiers frauduleux, les concussionnaires, les
criminels de toute nature, les ouvriers irrités contre une administration qui les congédie, les hommes que des préoccupations politiques agitent, voilà autant d'agents de destruction auxquels la
télégraphie électrique oppose quelques mètres de fil, un terrain
ouvert et une surveillance impossible. Un seul homme, en un
seul jour, sans qu'on puisse l'empêcher, pourra couper tous les
fils télégraphiques aboutissant à Paris, et en vingt-quatre heures
couper sur dix points tous les fils d'une même ligne sans être
arrêté, sans même avoir été aperçu par des gardiens qu'une distance de deux kilomètres sépare. La télégraphie aérienne, au contraire, a ses tours, ses tourelles, ses cabanes au moins, munies
d'une muraille et d'une porte gardées à l'intérieur par un homme
vigoureux, armé de deux fusils de munition, etc. Sur six cents
insurgés, la moitié acceptera avec une joie secrète la mission d'aller couper les fils du télégraphe électrique; tandis que l'attaque
froide, triste et obscure d'une simple porte en chêne derrière
laquelle se trouvent un ou deux hommes dont l'assassinat doit
entrer dans les prévisions des assaillants, inspirera toujours un
tel effroi, que sur ces mêmes six cents hommes il ne s'en trouvera pas deux qui veuillent exécuter une pareille entreprise.

« La substitution à la télégraphie aérienne de la télégraphie
électrique qui réclame impérieusement pour vivre l'honnêteté, le
calme, le respect de ses ennemis et même des oisifs indifférents,
serait une mesure déplorable, un véritable acte d'idiotisme! »

Comme nous l'avons dit, l'auteur de ces lignes était l'inventeur
d'un système de télégraphie de nuit que l'administration n'avait
pas cru devoir adopter : c'est là ce qui explique la passion qu'il

mettait à lutter contre l'adoption de la télégraphie électrique!

L'opinion pessimiste du docteur Guyot fut, du reste, victorieusement réfutée par Leverrier, dont la réponse était de nature à satisfaire les esprits les plus timorés.

« Ces objections, disait en effet l'éminent astronome, seraient

Fig. 41. — Ligne télégraphique établie le long d'une voie de chemin de fer.

fondées si nous avions la prétention d'établir nos télégraphes en accordant à la bonne foi publique la même confiance qu'on n'a pas hésité à lui donner dans les quelques pays où on a élevé des lignes électriques à travers champs; mais les lignes qu'il s'agit ici de construire doivent être placées le long de nos chemins de fer, et elles ne seront édifiées qu'à mesure que ces voies de circulation se développeront. Chacun de leurs points se trouvera sous la protection continuelle des cantonniers et des gardiens, qui devront y veiller d'une manière spéciale. Ajoutons que, tandis qu'il faut un temps considérable pour rétablir un poste aérien et que souvent même cette réorganisation est impossible, il suffit, au contraire, de très peu d'heures pour réparer les fils brisés d'une ligne électrique. »

Ce serait une grave erreur de croire que cette lutte entre la télégraphie aérienne et la télégraphie électrique fut spéciale à la France. Elle se produisit également dans d'autres pays et notamment en Allemagne, où elle prit des proportions épiques. Le journal *le Correspondant de Hambourg*, de l'année 1848, a publié à cet égard les articles les plus curieux qu'on puisse imaginer. C'est ainsi qu'on y trouve la stupéfiante protestation qui suit, rédigée par un certain nombre de délégués de diverses localités de l'arrondissement de Hambourg :

« Nous avons déjà protesté antérieurement contre le passage des fils électriques sur notre territoire, parce qu'ils sont dangereux *pour notre existence* et pour notre propriété, et causent du dommage à nos champs. Mais voici que l'on a répandu partout des feuilles imprimées dénaturant les faits et les exposant sous un jour inexact. L'auteur de ces articles montre combien son intelligence est peu développée. N'a-t-il pas l'insolence de dire que nous autres, gens de la campagne, nous sommes *bêtes et superstitieux*, nous qui avons pourtant une idée claire et nette des lois de la nature, parce que nous les observons tous les jours? Il fait de l'esprit et se moque des questions les plus vitales des habitants des campagnes. Aussi les plus calmes d'entre nous sont-ils vivement

(1) *Le Correspondant de Hambourg*, juin 1848.

surexcités. C'est pourquoi, entièrement pénétrés de nos droits, nous ne permettrons jamais que l'on tende des fils électriques au-dessus de nos champs.

« Cadenberge, 13 juin 1848. »

(Suivent les signatures.)

Des paysans des environs de Stade imitèrent cet exemple et décidèrent à l'unanimité de protester auprès du préfet contre la pose des fils télégraphiques.

Les protestataires trouvèrent, fait à noter, un ardent auxiliaire dans la personne d'un certain Schmidt, directeur de la télégraphie aérienne à Altona, qui voulut essayer de profiter de leurs dispositions malveillantes à l'égard de la télégraphie électrique, pour faire, en faveur de son service, une réclame aussi sotte que ridicule.

« Un fil télégraphique tendu en l'air, disait ce singulier savant, attire à lui toute l'électricité, de telle sorte qu'il ne reste plus trace de l'orage. Lorsque l'orage est encore loin, il se dégage du conducteur un puissant courant électrique qu'il faut faire dériver. L'électricité dans l'atmosphère ressemble à un système nerveux; les fils télégraphiques correspondent donc avec l'orage, attirent à eux l'électricité avec une vitesse de 30 à 60.000 milles à la seconde. Il est donc évident qu'ils doivent influer sur le temps. De plus, ils sont dangereux pour la vie et la propriété des gens de la campagne, car ils sont trop faibles pour entraîner la foudre!... »

Craignant sans doute, que ces arguments ne fussent pas assez puissants pour frapper l'imagination des paysans, M. Schmidt allait jusqu'à affirmer que les gens qui essayaient d'appliquer l'électricité à la télégraphie n'avaient pas de connaissances sérieuses en physique!!... Plusieurs d'entre eux avaient commis des erreurs, etc., etc.. Enfin, il était nécessaire de distinguer dans la télégraphie électro-magnétique ce qui n'était qu'erreur, mensonge, tromperie, charlatanisme, exagération, et ce qu'il y avait de réellement vrai ! !...

On le voit, M. Schmidt poussait l'outrecuidance jusqu'à prononcer le mot de charlatanisme ! Mais le charlatan, le vrai charlatan, n'était-ce pas cet ignorant qui traitait avec une pareille désinvolture les travaux et les découvertes des savants les plus illustres de tous les pays ?

Si le lecteur partage notre sentiment, nous laisserons M. Schmidt continuer ses divagations et nous allons reprendre notre récit.

Nous avons déjà vu que la loi du 3 juillet 1846 avait autorisé la construction d'une ligne électrique entre Paris et Lille. La substitution du télégraphe électrique au télégraphe aérien ne pouvait s'exécuter que progressivement : par suite, les dépêches devaient, pour arriver à destination, emprunter tantôt la voie électrique, tantôt la voie aérienne. Il était donc avantageux d'avoir, au début, un appareil électrique reproduisant les signaux du télégraphe Chappe, et c'est pour ce motif que l'administration adopta l'appareil Foy-Bréguet, si connu sous le nom d'*appareil français*.

Un mois après, le 11 août 1846, un arrêté ministériel approuvait la convention passée le 21 décembre 1844, à l'effet d'autoriser la compagnie du chemin de fer de Paris à Saint-Germain à se servir du télégraphe électrique pour le service spécial de la voie de fer.

Le télégraphe électrique étant, comme le disait alors Leverrier, le complément indispensable de la voie ferrée, aux divers points de vue de la police générale de l'État, de la sécurité des voyageurs et de l'économie de l'exploitation, d'autres Compagnies sollicitèrent et obtinrent des autorisations analogues. Les chemins de fer offraient pour l'expérience des lignes électriques une voie toute tracée et soumise à une surveillance rigoureuse. Cette considération démontra au gouvernement la possibilité d'étendre sans danger le réseau télégraphique naissant, qui ne comprenait encore que les deux lignes de Lille et de Rouen.

Mais ces deux lignes servaient à l'usage exclusif de l'État, tandis qu'aux États-Unis, en Angleterre et en Belgique, les particuliers

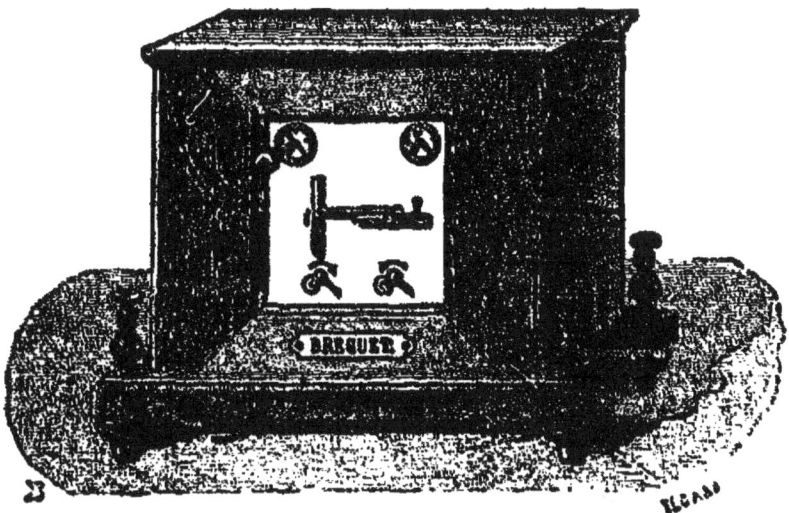

Fig. 42. — Vue extérieure du récepteur du télégraphe Foy-Bréguet à deux aiguilles.

avaient la faculté d'utiliser la voie télégraphique pour la transmission de leurs correspondances. Un décret du 10 août 1849 autorisait même un Anglais, M. Jacob Brett, à établir un télégraphe électrique sous-marin entre les côtes de France et d'Angleterre, alors qu'il était encore interdit à un citoyen français d'expédier une dépêche télégraphique!

Il est vrai que, comme le faisait justement remarquer le ministre de l'intérieur, M. Dufaure, cette grande réforme, abstraction faite du côté politique qui dominait la question, ne pouvait être susceptible d'être utilement examinée que le jour où le gouvernement disposerait d'un réseau s'étendant dans les principales directions, à toutes les parties du territoire. Un premier résultat fut cependant obtenu, car, à partir du 1er mai 1849, les chefs-lieux de département situés sur le parcours de la ligne électrique concédée à la Compagnie des chemins de fer du Nord, Amiens, Arras, Lille ainsi que la ville importante de Valenciennes, reçurent tous les jours par le télégraphe le bulletin officiel annonçant les derniers cours des valeurs de la Bourse de Paris.

A la fin de la même année, le 21 novembre 1849, M. Alphonse Foy remplaçait M. Lemaistre à la tête de l'administration. Son premier soin fut de s'occuper de l'extension du réseau électrique, et l'année suivante, à la suite d'un remarquable rapport de Leverrier, l'Assemblée nationale votait les crédits nécessaires pour la construction de nouvelles lignes.

Enfin, le 1er mars 1850, M. Ferdinand Barrot, ministre de l'intérieur, présenta à l'Assemblée législative un projet de loi sur la correspondance télégraphique privée.

Leverrier déposa son rapport le 18 juin, mais ce fut seulement le 29 novembre suivant, que la loi fut votée par l'Assemblée nationale après une longue discussion (1).

En vertu de cette loi, il était permis à toute personne de correspondre au moyen du télégraphe électrique de l'État, mais après constatation rigoureuse de son identité!

Le Gouvernement se réservait, en outre, le droit d'arrêter la transmission des dépêches contraires à l'ordre public et aux bonnes mœurs.

---

(1) Le tarif était établi de la manière suivante : droit fixe de 3 francs pour toute dépêche de 1 à 20 mots, plus 12 centimes par myriamètre. Au-dessus de 20 mots, augmentation d'un quart pour chaque dizaine ou fraction de dizaine supplémentaire. Augmentation de 50 p. 100 pour les dépêches de nuit. Enfin port à domicile fixé à 50 centimes en province et à 1 franc pour Paris.

Enfin le secret des dépêches était déclaré inviolable.

Ajoutons que la loi de 1850 fut mise en vigueur le 1ᵉʳ mars 1851.

Cette loi qui constitue encore aujourd'hui la base de notre législation télégraphique, réalisait un progrès considérable, puisqu'elle mettait pour la première fois le service télégraphique à la disposition du public. Cependant, plusieurs articles de cette loi, notamment ceux qui étaient relatifs à la constatation de l'identité et aux prix du tarif, soulevèrent les plus vives récriminations, dont M. de Courcy se fit peu de temps après l'interprète dans les colonnes du journal *l'Univers* :

« Le gouvernement, disait M. de Courcy, a récemment ouvert quelques lignes de télégraphes électriques en France, et, contrairement à ses habitudes de monopole, il a bien voulu donner aux particuliers la faculté de se servir de cette voie pour la transmission de leurs dépêches. Mais d'après le résultat financier de la première quinzaine d'opérations, qui accuse une recette d'un millier de francs, il est à craindre que ce mode de communication ne devienne jamais populaire et usuel, et ne couvre pas même les frais de son installation. Les télégraphes devraient être cependant une source de recettes pour le Trésor, comme la poste, et il en serait ainsi si le tarif n'était pas à un taux exorbitant et si la bureaucratie ministérielle n'avait pas retenu d'une main ce qu'elle semblait donner de l'autre. Un règlement muni d'une quantité d'articles interminables, détermine les nombreuses conditions qu'il faut remplir pour avoir le droit de transmettre un message sur les fils conducteurs de la pensée. Ce sont autant d'entraves destinées à empêcher l'usage du télégraphe de pénétrer dans les mœurs, comme il s'est naturalisé aux États-Unis. Je me suppose arrivant d'Amérique, au Havre ou à Boulogne. Le tricorne du gendarme et l'habit vert du douanier, voguant jusqu'au large pour s'emparer du navire avant son entrée au port, ont fait battre mon cœur des premières émotions de la mère patrie. Après un interrogatoire minutieux, comme si j'étais un criminel, je réussis à retirer ma personne des mains de ces intéressants fonctionnaires, en leur laissant toutefois mon passeport et mes effets, qu'ils se proposent d'examiner avec plus de loisir. Enfin, je débarque; mais il est trop tard pour prendre le chemin de fer; je brûle d'arriver à Paris, où ma famille inquiète m'attend avec une vive impatience. Je veux au moins leur apprendre mon arrivée, et je cours au bureau du télégraphe. Un personnage compassé, qui se croit administrateur parce qu'il est tracassier, me tient à peu près ce langage : « Avez-vous votre passeport? — Il est entre les mains des bons gendarmes. — Avez-vous une autorisation de M. le maire pour vous servir du télégraphe? — Le maire doit être couché. — Avez-vous le certificat de deux notables constatant que vous êtes irréprochable dans vos mœurs? Êtes-vous assisté de deux témoins pour établir votre identité? — J'étais, il y a deux heures, en mer, et je ne connais personne au Havre. — En ce cas, Monsieur, repassez demain. »

« Et si, le lendemain, muni de tous les papiers voulus, je m'obstine à vouloir user de cette voie expéditive, il me faut écrire ma dépêche sur un certain papier à tête imprimée, la recopier sur un certain registre, apposer ma signature sur plusieurs livres à souche (il y a beaucoup de souches dans ces bureaux); puis mon billet attendra son tour. J'aurais le temps d'être à Paris avant que ma dépêche, portée sur l'aile de la foudre, y pût arriver. Quelle est donc l'utilité de tout ce luxe de formalités, et quels services de telles entraves procurent-elles au public?

« C'est, dira-t-on, pour empêcher l'agiotage, et pour sauvegarder le Gouvernement contre des complots anarchistes. Mais c'est le monopole qui a toujours offert ces dangers, et non la liberté dans la transmission des nouvelles, qui porte avec elle son remède. »

Il y avait, certes, de l'exagération dans ces critiques, mais il n'en est pas moins vrai que la formalité de la justification de l'identité a toujours été considérée par le public comme une mesure essentiellement vexatoire. Aussi sa suppression fut-elle accueillie plus tard avec satisfaction tant par les particuliers que par les agents eux-mêmes.

L'année suivante, le réseau reçut de nouvelles extensions (1). Mais il ne suffisait pas de créer des lignes, il fallait aussi les protéger contre la malveillance. Tel fut l'objet du décret du 27 décembre 1851, qui consacra définitivement le monopole de l'État et édicta des peines très sévères contre toute atteinte portée soit à ce monopole, soit aux fils, appareils ou machines télégraphiques.

C'est également le 31 décembre 1851 que fut inauguré le câble sous-marin de Calais à Douvres. A cette occasion, des fêtes eurent lieu à Douvres et des canons placés sur les deux rives du détroit furent déchargés du point opposé par le moyen de l'étincelle électrique. Le duc de Wellington fut salué, à son départ de cette ville, par un coup de canon provoqué par le courant électrique reçu de Calais.

La première dépêche électrique expédiée d'Angleterre à travers

---

(1) La loi du 8 février 1850 avait déjà ouvert un crédit de 900.637 francs pour la construction des lignes suivantes : Paris-Angers; — Paris-Tonnerre; — Paris-Châlons-sur-Marne; —Rouen-le-Havre;—Orléans-Nevers;—Orléans-Châteauroux;— Lille-Dunkerque.

La loi du 1er août 1851 ouvrit un nouveau crédit de 707.506 fr. 67 pour la construction de nouvelles lignes : Tonnerre-Châlon-sur-Saône; — Tours-Poitiers; — Angers-Nantes; — Metz-Nancy; — Sarrebourg-Strasbourg; — Amiens-Boulogne; — Rouen-Dieppe — Paris-la Loupe; — Châlons-Bar-le-Duc; — Angoulême-Bordeaux.

la Manche fut déposée entre les mains du Président de la République française.

C'est ainsi que fut définitivement établie, après deux expériences infructueuses, la première communication télégraphique entre la France et l'Angleterre.

La télégraphie sous-marine était découverte !

Fig. 43. — Câble sous-marin de Douvres à Calais.

D'après M. Louis Figuier, les communications entre les deux pays se firent exclusivement de Douvres à Calais. Pour atteindre Londres ou Paris, les dépêches devaient passer de chaque station sous-marine à la ligne télégraphique, de Douvres à Londres, ou de Calais à Paris. Le 1ᵉʳ novembre 1852, les stations intermédaires de Douvres et de Calais furent supprimées, et le fil télégraphique, à l'aide de travaux nouveaux et de dispositions convenables, se trouva réuni à la ligne ordinaire du télégraphe, de manière à faire communiquer Londres et Paris sans aucune station intermédiaire sur la côte. Cette même année, un nouveau câble fut posé entre Dieppe et Beachy-Head (Angleterre).

Les chiffres suivants permettent de se rendre compte des résultats obtenus par l'administration française le 31 décembre 1851, c'est-à-dire après dix mois d'exploitation.

Douze chefs-lieux de département avaient été reliés avec Paris; et 17 bureaux télégraphiques avaient été ouverts au service.

Le nombre des dépêches taxées en 1851 s'éleva à 9.014.

Enfin la longueur des lignes télégraphiques en exploitation atteignait, au 31 décembre 1851, 2.133 kilomètres.

Pendant l'année 1852, la longueur du réseau fut sensiblement augmentée, grâce aux crédits ouverts par les décrets des 6 janvier

et 26 mars 1852 (1), qui permirent de relier à Paris 17 nouveaux
chefs-lieux de département, d'ouvrir 26 nouveaux bureaux, et de
construire 1.325 kilomètres de lignes.

Rappelons que le 26 août 1852 eut lieu l'inauguration du ser-

Fig. 41. — Dévidement du câble sous-marin de Douvres à Calais.

vice télégraphique international entre la France et le duché de

(1) Le décret du 6 janvier 1852 ouvrit un crédit de 4.832.987 francs pour la construction des lignes suivantes :

Ligne de l'Est avec embranchements sur Forbach et Mulhouse ; — Châlon-sur-
Saône à Marseille avec embranchements sur Saint-Étienne et Grenoble ; — Paris-
Bayonne ; — Bordeaux à Cette et à Marseille ; — Nantes à Brest par Vannes ; — Paris
à Cherbourg par Évreux et Caen ; — Châteauroux-Périgueux ; — Nevers-Clermont.

Beauvais ; — Laon, Mézières, Reims ; — Épinal ; — Melun, Troyes, Chaumont, Ve-

Bade, en exécution d'une convention conclue la veille du même jour entre les deux pays. Des conventions analogues furent conclues la même année avec la Suisse, la Belgique, la Prusse, la Sardaigne et la Bavière. C'est également de la même année que date le câble sous-marin de Boulogne à Folkestone.

L'année 1853 ne fut pas moins féconde en utiles améliorations.

Dans la séance du 6 mai 1853, une nouvelle loi sur la télégraphie privée fut votée par le Corps législatif et mise à exécution le 1er juin suivant. Cette loi basée, comme celle de 1850, sur le tarif proportionnel à la distance, réduisit la taxe fixe à 2 francs et la taxe variable à 10 centimes par myriamètre.

Pendant la discussion, un député, M. Monier de la Sizeranne, fit observer que le rapporteur avait condammé d'une manière trop absolue le système de la taxe uniforme déjà adopté par la Suisse. Il convenait, à son avis, de montrer une grande réserve à l'égard de ce système, qui ne devait pas être condamné d'avance.

L'uniformité des taxes télégraphiques ne devait être réalisée que vingt-cinq ans après; mais, en la demandant, M. Monier de la Sizeranne ne faisait qu'appliquer les principes qui l'avaient porté à réclamer avec énergie, sous le gouvernement de Juillet, la taxe postale uniforme, votée seulement sous la seconde République.

Un mois après, le 10 juin 1853, le Corps législatif votait une loi concédant à M. Brett, agissant au nom d'une compagnie anglaise dite Compagnie du télégraphe électrique sous-marin de la

soul; — Auxerre; — Lons-le-Saulnier; Bourg; — le Puy, Mende; — Privas; — Gap-Digne; — Toulon, Draguignan (frontière du Piémont); — Perpignan (frontière d'Espagne); — Foix; — Albi, Rodez; — Cahors; — Auch, Tarbes, Pau; — Niort, la Rochelle; — Napoléon-Vendée (la Roche-sur-Yon); — Guéret, Tulle, Aurillac; — Alençon, le Mans, Laval, Rennes et Saint-Brieuc.

Quant au décret du 26 mars 1852, il ouvrit un crédit de 30.000 francs pour la continuation de la ligne de Paris à Grenoble jusqu'à la frontière du Piémont. (*Annales télégraphiques*, année 1858.)

Méditerranée pour la correspondance avec l'Algérie et les Indes, le droit d'établir une ligne électrique sous-marine entre la France et l'Algérie. La ligne devait passer par le port de la Spezzia (près Gênes), la Corse et la Sardaigne, et aboutir à la côte d'Afrique entre la ville de Bône et la frontière de Tunis. Commencée en 1854, arrêtée par deux insuccès en 1855 et 1856, cette belle ligne sous-marine fut menée à bonne fin au mois de septembre 1857. Mais peu après, la rupture du conducteur nécessita une reprise de travaux qui ne furent pas plus heureux.

Nous sommes arrivés à la fin de l'administration de M. Alphonse Foy qui fut admis à faire valoir ses droits à la retraite par un décret du 23 octobre 1853.

En vertu de ce même décret, le service des télégraphes fut érigé en une direction relevant du ministère de l'intérieur et M. le vicomte de Vougy, préfet de la Nièvre, fut nommé directeur de l'administration des lignes télégraphiques.

Le nom de M. Foy restera toujours attaché à la création de la télégraphie électrique en France, qui a bien été son œuvre personnelle. Grâce à ses efforts persévérants, cette science nouvelle est sortie du domaine des conceptions théoriques pour devenir une réalité. Il a organisé de toutes pièces la télégraphie moderne, que ses successeurs n'ont eu qu'à perfectionner et à développer.

L'élan était donné, il ne restait plus qu'à suivre la voie si nettement tracée. C'est ce que fit M. de Vougy dont la tâche allait être également lourde, car il s'agissait de donner satisfaction non seulement aux vues du gouvernement, qui, dans un intérêt politique et administratif, exigeait le développement rapide du réseau, mais encore aux légitimes aspirations de l'opinion publique, qui réclamait les moyens de pouvoir user plus facilement du télégraphe électrique.

M. Étenaud a très nettement tracé cette situation dans les lignes suivantes :

« De toutes parts, on sollicitait des bureaux télégraphiques. Il ne suffisait pas, en effet, de relier aux lignes principales les chefs-lieux des départements ; il fallait agrandir ce réseau et l'étendre aux sous-préfectures, d'abord aux plus importantes par leur commerce et leur industrie.

« Les commerçants, les industriels, et même les particuliers, comprenaient tous la nécessité absolue de ce merveilleux système de correspondance électrique, et pour eux, la question des tarifs, si élevés à cette époque, n'est que secondaire. Ils voulaient pouvoir télégraphier électriquement, coûte que coûte.

« L'invention du télégraphe électrique, sans contredit la plus extraordinaire de nos temps modernes, était véritablement à l'ordre du jour. On en était enthousiaste jusque dans les théâtres. Qui, en effet, ne se souvient de la première représentation, sur la scène du Palais-Royal, de la comédie-vaudeville *le Télégraphe électrique*, de MM. Siraudin et Delacour? Cette pièce, représentée pour la première fois au mois de janvier 1854, obtint le plus vif succès, tant à Paris qu'en province.

« A cette époque, les chemins de fer se multipliaient, et des travaux considérables de construction de lignes télégraphiques, pour l'État et les Compagnies de chemins de fer, étaient entrepris d'une extrémité de la France à l'autre. En construisant les voies ferrées, il était indispensable de construire en même temps des lignes électriques, sans le secours desquelles ne pouvaient fonctionner régulièremnt les chemins de fer, principalement ceux qui avaient une voie unique. Nous entrons donc dans une période laborieuse. »

Aussi l'année 1854 fut-elle marquée par d'importantes réformes, telles que la création de la Direction générale des lignes télégraphiques, la modification des tarifs (1) qui furent calculés d'après les distances à vol d'oiseau de bureau à bureau, l'adoption d'un

Fig. 45. — Samuel Morse.

tarif spécial pour les dépêches de Paris pour Paris, l'établissement du service de nuit dans les villes les plus importantes, la

(1) Loi du 22 juin 1854 qui établit un droit fixe de 2 francs par dépêche de vingt-cinq mots, avec taxe proportionnelle de 12 centimes par myriamètre; tarif de 1 franc pour les dépêches de un à vingt-cinq mots échangés à l'intérieur de Paris.

Cette loi fut modifiée par celle du 21 juillet 1856, qui ramena la dépêche simple à quinze mots avec augmentation d'un dixième par chaque série de cinq mots supplémentaire.

substitution de l'appareil écrivant de Morse à l'appareil à signaux fugitifs du système de Foy-Bréguet, la création de 128 nouveaux bureaux, et enfin l'extension considérable du réseau télégraphique, qui se trouva porté de 7.175 à 9.244 kilomètres de lignes.

A partir de l'année 1854, toutes les grandes lignes fonction-

Fig. 46. — Récepteur du télégraphe Morse.

naient déjà dans toute l'étendue du territoire; et chaque jour, dans chaque département, sauf ceux de la Corse et de la Lozère, les préfets recevaient par télégraphe les ordres du ministre et la partie officielle du *Moniteur*.

M. de Vougy fut arrêté au milieu de ses réformes par le décret du 24 juin 1857, qui supprima la Direction générale des lignes télégraphiques. Il fut remplacé par M. Alexandre qui prit le

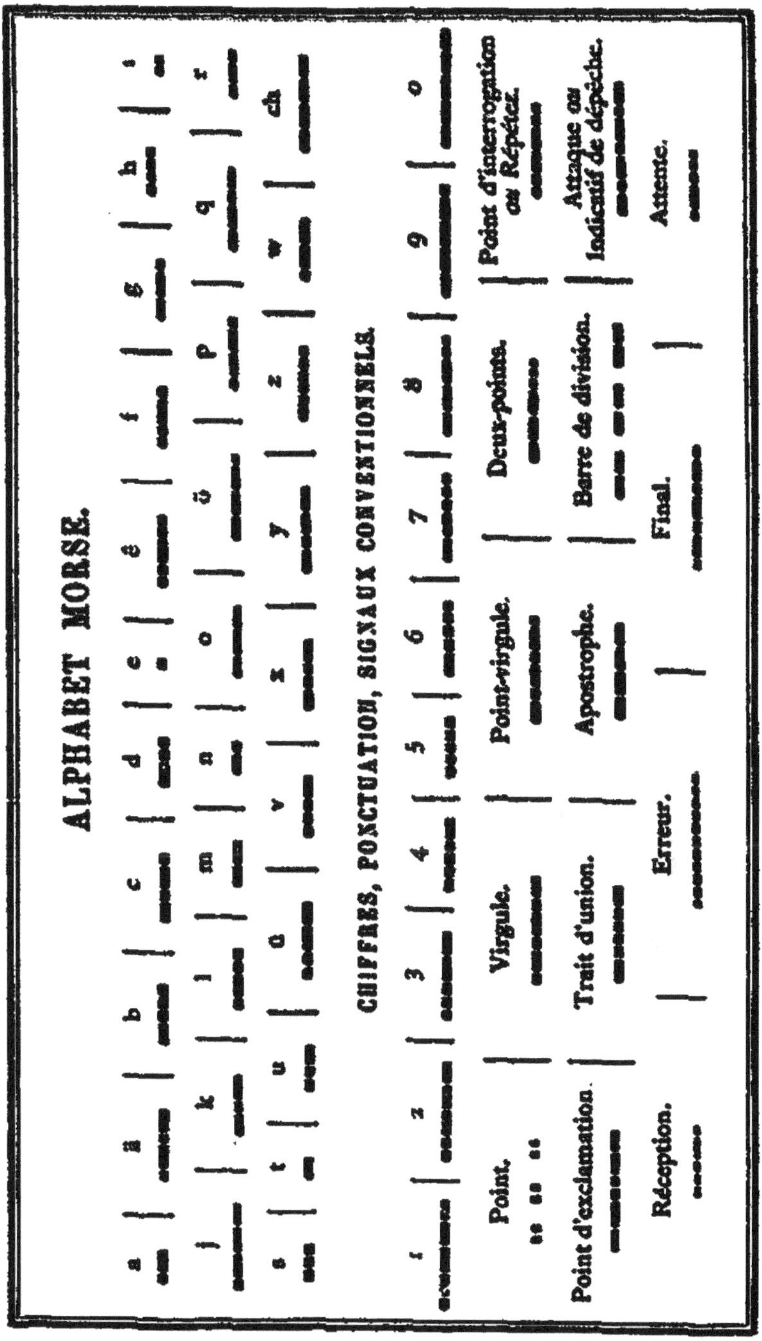

Fig. 47. — Alphabet Morse.

titre de directeur et qui resta en fonction jusqu'au 14 décembre 1860.

M. Alexandre, directeur des lignes télégraphiques. — Parmi les actes les plus saillants de l'administration de M. Alexandre, nous signalerons la concession à une compagnie privée de la pose d'un câble entre Marseille et Calvi (Corse) (Décr. du 19 décembre 1857), l'ouverture du service télégraphique entre la France et l'Algérie par l'intermédiaire de l'Italie et de la Sardaigne (octobre 1857), la modification des taxes télégraphiques intérieures par la loi du 18 mai 1858, qui fut un acheminement vers le principe de l'uniformité de tarif (1), l'inauguration du service électro-sémaphorique, la pose, en 1859, d'un câble sous-marin entre Coutances et Jersey, et, en 1860, la concession à diverses compagnies privées de l'établissement de communications sous-marines entre la France et l'Algérie, la France et la Corse, la France et les États-Unis d'Amérique, et enfin entre Toulon et Alger.

M. de Vougy, directeur général (14 décembre 1860, 4 septembre 1870.) — La direction générale des lignes télégraphiques fut rétablie par M. de Persigny et confiée pour la seconde fois à M. de Vougy, qui conserva ses fonctions jusqu'à la chute du second Empire.

L'année 1860 fut signalée par un fait important. Un premier traité conditionnel fut conclu avec M. Hughes, professeur de physique à New-York, le célèbre inventeur de l'appareil imprimeur qui fut définitivement adopté en 1861 par l'administration française.

En 1861, la taxe des dépêches simples échangées entre deux bureaux quelconques est uniformément fixée à 2 francs, tandis

---

(1) 1 franc pour les dépêches de un à quinze mots échangées entre deux bureaux d'un même département, 1 fr. 50 pour les dépêches de un à quinze mots échangées entre deux départements limitrophes.

que la taxe reste fixée à 1 franc pour les dépêches circulant dans
l'intérieur d'un même département (1). Cette expérience fut cou-
ronnée d'un plein succès, car l'application du nouveau tarif eut
pour conséquence immédiate une augmentation du double au

Fig. 48. — M. Hughes.

point de vue de la circulation, et du tiers au point de vue des
recettes.

Nous rappellerons incidemment que ce fut pendant la discussion de la loi du 3 juillet 1861, que M. Paul Dupont, député,
se fit le promoteur d'une idée qui, depuis, a bien fait du chemin :

(1) Loi du 3 juillet 1861.

nous voulons parler de la fusion des postes et des télégraphes. La proposition de M. Paul Dupont fut écartée.

Pendant la même année 1861, un crédit extraordinaire de 2 millions permit de procéder à la réfection du réseau souterrain de Paris, dont les lignes étaient devenues défectueuses et impropres au service. Ces travaux considérables furent menés à bonne fin par "un de nos ingénieurs les plus habiles et les plus expérimentés : nous avons nommé M. Baron, directeur de l'exploitation à l'administration centrale des postes et des télégraphes, actuellement en retraite.

D'autres améliorations non moins importantes se rattachent également à l'année 1861 : la pose de trois câbles entre la France d'une part et l'Angleterre (Dieppe à New-Haven), l'Algérie (Port-Vendres à Alger) et la Corse (Toulon à Ajaccio), et enfin la conclusion d'une convention avec la Régence de Tunis pour l'exploitation, par des agents français, du réseau tunisien et son raccordement avec le réseau télégraphique algérien.

En 1862, nous signalerons la réorganisation sur de nouvelles bases et l'extension considérable du réseau qui fut porté à 28,671 kil. de lignes et à 88,238 kil. de fils, l'établissement du réseau cantonal et enfin les premières expériences de l'appareil autographique de l'abbé Caselli reproduisant le fac-similé rigoureusement exact de l'écriture.

Le décret du 13 août 1864 abaissa de 1 franc à 50 centimes la taxe des dépêches simples circulant dans Paris. Les heureuses conséquences de cette mesure libérale dépassèrent les prévisions les plus optimistes. Elles ressortent des chiffres suivants, qui se passent de commentaires :

Nombre de dépêches en janvier 1864. . . .   577
—   en décembre 1864. . . . 11.250

L'année 1865 fut marquée par l'un des événements les plus considérables de la télégraphie, la réunion à Paris de la première conférence télégraphique internationale, due à l'initiative de la France.

Avec une netteté de vue des plus remarquables, l'administration française avait compris la première que c'était surtout dans

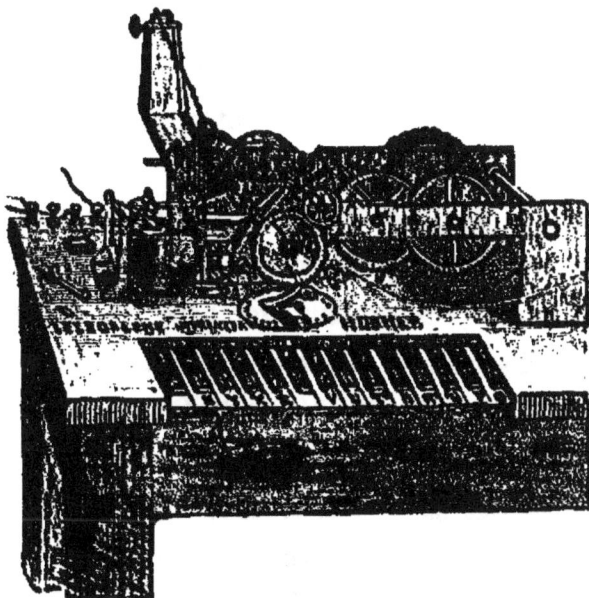

Fig. 49. — Appareil télégraphique imprimeur de Hughes.

l'abaissement et la simplification des tarifs qu'il fallait chercher le développement de la télégraphie. Ce système, inauguré à l'intérieur en 1861, avait été successivement appliqué à nos relations télégraphiques avec les pays voisins (Belgique, Suisse, Espagne, Bavière, Italie, Portugal, grand-duché de Bade).

Encouragé par les résultats obtenus, M. de Vougy provoqua la réunion à Paris d'une conférence télégraphique internationale ayant pour mission d'élaborer un traité général réglant l'échange des correspondances entre les divers États.

La première séance de cette conférence à laquelle dix-neuf pays étaient représentés, s'ouvrit à Paris le 1er mars, et le 14 avril les plénipotentiaires apposaient leur signature au bas de la convention élaborée sur les bases suivantes : application du système d'uniformité des taxes, abaissement considérable des tarifs, admission facultative du langage secret et adoption du franc comme unité monétaire pour servir à la composition des tarifs internationaux.

Nous verrons dans la suite combien cette idée due, nous le répétons, à l'initiative de la France, a été féconde en heureux résultats.

Le service de la correspondance télégraphique privée fut de nouveau réglementé par le décret du 8 mai 1867, qui supprima les anciennes prescriptions tombées en désuétude, et coordonna les dispositions des lois des 3 juillet 1861, 27 mai 1863, 13 juin 1866 et celles du décret du 8 février 1865.

Ce fut également en 1867 que la première ligne pneumatique fut inaugurée à Paris. Elle desservait les bureaux de la Bourse, du Grand-Hôtel, du Poste central, de la rue Boissy-d'Anglas, de l'Hôtel des Postes, de l'Hôtel du Louvre et de la rue des Saints-Pères. Ce premier réseau fut d'un utile secours en facilitant l'écoulement rapide des correspondances télégraphiques dans un moment où l'administration avait à faire face au surcroît de travail considérable résultant de l'Exposition universelle.

La loi du 4 juillet 1868 réduisit de moitié la taxe des dépêches télégraphiques. Elle abaissa de 1 franc à 50 centimes la taxe des télégrammes échangés dans l'intérieur d'un même département et de 2 francs à 1 franc celle des dépêches interdépartementales. Elle autorisa, en même temps, l'administration des télégraphes à concourir au service des envois d'argent par la poste.

Quelques jours après, le 22 juillet 1868, les membres de la

Fig. 50. — Pose du câble transatlantique par l'*Agamemnon*.

conférence internationale réunie à Vienne signaient un nouveau règlement, qui modifia certains détails du règlement annexé à la convention de Paris.

En 1869, un employé de l'administration française, M. Meyer, imagina un nouvel appareil autographique qui valut à son auteur la croix de la Légion d'honneur. Cet ingénieux appareil fonctionna pendant plusieurs années entre Paris et Lyon, mais il finit par être abandonné totalement.

L'événement le plus considérable de l'année 1869 fut sans contredit la pose du câble télégraphique français entre Brest et New-York.

Avant de rendre compte de cet événement, nous croyons utile de retracer en quelques mots l'histoire de la télégraphie trans-atlantique.

C'est à l'année 1852 qu'il faut remonter pour retrouver la première idée de réunir par un câble sous-marin l'ancien et le nouveau continent. Cette idée grandiose avait été inspirée à un ingénieur aglais, M. Gisborne, par le succès de M. Brett dans la création de la ligne sous-marine de Douvres à Calais; mais une entreprise aussi gigantesque n'était-elle pas au-dessus des forces humaines? Tel était le redoutable problème qu'il importait de résoudre. Avec la ténacité de sa race, M. Gisborne s'attacha à cette idée et fut assez heureux pour faire partager sa conviction à un riche banquier américain, M. Cyrus Field, qui constitua en 1854 la première compagnie transatlantique.

Quatre ans plus tard, le 27 juillet 1858, deux navires armés pour la télégraphie sous-marine, l'*Agamemnon* et le *Niagara*, se réunissaient au milieu de l'océan Atlantique, à égale distance de l'Amérique et de l'Irlande. Le 29 juillet, les deux extrémités du câble de chaque navire étaient réunies par une soudure, et tandis que l'*Agamemnon* se dirigeait vers Valentia en Irlande, le *Niagara* voguait vers Terre-Neuve. Enfin, le 5 août, la communication était établie entre l'Angleterre et l'Amérique!

Le 18 août, dit M. Louis Figuier, on transmit d'Amérique en Europe deux phrases, qui ne mirent que 35 minutes à parvenir.

Voici le texte exact de cette dépêche expédiée par M. Cyrus Field :

Fig. 51. — Soudure des deux extrémité du câble transatlantique, exécutée à bord du *Niagara* le 29 juillet 1858.

« *Europe and America are united by telegraphic communication. Glory to God in the highest, on earth peace, goodwill towards men!* » (L'Europe et l'Amérique sont unies par une communication télégraphique. Gloire à Dieu au plus haut des cieux, sur la terre paix et bienveillance envers les hommes !)

Le président des États-Unis et la reine d'Angleterre échangèrent des télégrammes de félicitations réciproques et l'enthousiasme des deux pays ne connut plus de bornes. M. Cyrus Field fut porté en triomphe dans les rues de New-York; l'Angleterre se préparait, de son côté, à organiser des fêtes grandioses, lorsque l'on constata l'interruption de la communication.

Après un nouvel échec en 1865, ce fut seulement l'année suivante, au mois d'août 1866, que le succès vint récompenser définitivement, cette fois, tant de persévérance. Bien plus, le câble perdu en 1865 fut repêché au mois de septembre 1866 et à partir de ce moment, l'Angleterre et les États-Unis étaient reliés par deux câbles. Le gouvernement anglais récompensa royalement les hommes intelligents et hardis qui avaient su mener à bien une si colossale entreprise. Ajoutons incidemment qu'au lendemain de cette victoire pacifique, le correspondant du *New-York Herald* expédiait à son journal, par la voie nouvelle, le texte complet du discours qu'un autre vainqueur, le roi Guillaume, venait de prononcer au retour de Sadowa, devant le parlement prussien. Ce télégramme coûta la modeste somme de 36.000 francs!...

Encouragée par le prodigieux succès de l'Angleterre, la France voulut, à son tour, pouvoir communiquer directement avec les États-Unis. Quarante-deux jours suffirent pour exécuter cette opération difficile.

Le 19 juin 1866, l'immersion commençait, et le 23 juillet, la communication sous-marine était établie entre la France et les États-Unis; le service ne put cependant être inauguré que le

15 août. A partir de ce moment, la France cessa d'être tri-

Fig. 52. — Relèvement du câble transatlantique perdu en 1865.

butaire de l'Angleterre pour l'échange de ses correspondances avec l'Amérique. C'était là un résultat considérable, dont l'administration française pouvait être fière à bon droit.

Nous avons vu que la loi du 4 juillet 1868 avait prescrit qu'un décret portant règlement d'administration publique déterminerait les conditions dans lesquelles le service télégraphique participerait à la transmission des mandats d'argent délivrés par les bureaux de poste. Ce décret parut le 25 mai 1870, accompagné d'un règlement établi de concert entre les deux administrations des postes et des télégraphes.

Il nous reste à signaler encore :

— Un décret du 5 février 1870 approuvant une convention passée le 25 janvier de la même année avec le baron d'Erlanger pour l'établissement et l'exploitation d'une ligne de télégraphie sous-marine, reliant la France à l'île de Malte et desservant l'Algérie. Le concessionnaire était autorisé à faire atterrir d'une part entre Marseille et Nice, et d'autre part à la Calle (Algérie) une ligne de télégraphie sous-marine, allant de France à Malte et desservant l'Algérie. Les deux sections de la ligne devaient être prêtes à fonctionner le 15 août 1870 pour la section franco-algérienne et le 15 août 1871 pour la section la Calle-Malte.

— Un second décret du 28 février 1870 approuvant une convention passée le 21 février de la même année avec M. Breittmayer pour l'établissement d'une ligne sous-marine partant des environs de Marseille et allant en Égypte en passant par Bône (Algérie).

Le 4 septembre 1870, M. de Vougy quittait définitivement la direction générale des télégraphes, où il fut remplacé par M. Steenackers, député au Corps législatif. (Décret du gouvernement de la Défense nationale du 4 septembre 1870.)

Il y aurait injustice à ne pas rendre hommage à l'activité avec laquelle M. de Vougy s'attacha à organiser et à développer l'important service des télégraphes. Si en effet, M. Foy introduisit en France la télégraphie électrique, ce fut M. de Vougy qui, avec l'aide de collaborateurs expérimentés, constitua le réseau et édifia de toutes pièces l'administration nouvelle. Il eut également l'honneur de créer l'Union télégraphique internationale qui a été si féconde en résultats.

Quelques chiffres permettront de voir d'un seul coup d'œil les progrès réalisés de 1860 à 1870, c'est-à-dire sous l'administration de M. de Vougy.

De 1860 à 1870, la longueur du réseau aérien s'était élevée de 22.919 kilomètres à 40.992. Le développement des fils avait été porté de 59.976 kilomètres à 116. 437.

La construction du réseau sous-marin a été commencée en 1865; sa longueur à la fin de 1870 était de 571 kilomètres.

Le réseau pneumatique de Paris inauguré en 1867, avait atteint, à la fin de l'année 1870, un développement de 18 kil. 500 mètres.

Le nombre des bureaux télégraphiques, qui s'élevait à 364 seulement en 1860, était de 2.003 en 1871.

La circulation télégraphique avait aussi considérablement augmenté pendant cette période de dix ans, comme on peut s'en rendre compte par les renseignements qui suivent :

Le nombre des dépêches intérieures, qui était de 568.365 en 1860, atteignait le chiffre de 5.042.302 en 1870.

Les dépêches internationales qui s'étaient élevées à 151.885 en 1860, avaient atteint le chiffre de 590.794 en 1871.

L'ensemble de la circulation télégraphique était monté de 720.250 en 1860, à 5.663.852 en 1870.

Quant aux produits qui n'étaient que de 4.170.778 francs en 1860, ils atteignaient 9.487.277 francs en 1870.

Nous croyons devoir faire remarquer que dans l'appréciation des résultats de l'année 1870, il convient de tenir compte de l'influence désastreuse que la fatale guerre de 1870-1871 exerça sur le trafic télégraphique. Cette situation fut encore aggravée par la guerre civile de 1871.

TROISIÈME RÉPUBLIQUE.

Révolution du 4 septembre 1870. — M. Steenackers nommé directeur général des lignes télégraphiques et envoyé en mission auprès de la délégation de Tours.

En 1870-71, pendant la guerre franco-allemande, la télégraphie joua un rôle exclusivement militaire que nous aurons l'occasion d'étudier dans le chapitre spécial que nous avons consacré à la télégraphie militaire.

M. Steenackers fut, dès le 4 septembre, nommé directeur général des lignes télégraphiques en remplacement de M. de Vougy. Envoyé en mission auprès de la délégation de Tours, il fut suppléé à Paris par M. Mercadier, ingénieur des télégraphes, actuellement directeur des études à l'École polytechnique. M. Steenackers donna sa démission le 21 février 1871.

LES TÉLÉGRAPHES SOUS LA COMMUNE.

Le 18 mars 1871, au moment où éclata l'insurrection communaliste, le siège officiel du Gouvernement fut transféré de Paris à Versailles où se transportèrent également toutes les administrations publiques.

Ce même jour, à midi, l'hôtel des télégraphes fut occupé par

M. Lucien Combatz, délégué du Comité central, appuyé par un bataillon de fédérés.

M. Lucien Combatz nommé quelques jours après directeur général des télégraphes, faisait annoncer dans le *Journal officiel de la commune* (n° du 27 mars 1871), que par suite de l'interruption de toutes les communications entre Paris et la province, et pour consacrer à l'œuvre de la défense toutes les forces restées disponibles, le service de la télégraphie privée dans Paris était désormais suspendu.

Les télégraphistes de la Commune furent répartis en deux groupes distincts : les uns furent affectés au service télégraphique militaire soit à l'intérieur de Paris, soit dans les différents forts, les autres furent détachés dans les bureaux télégraphiques installés au siège des diverses administrations ou des services publics, tels que l'hôtel de ville, la Préfecture de police, les ministères, etc... Mais une particularité qui nous paraît mériter d'être signalée, c'est que ces divers agents étaient considérés comme étant définitivement attachés à leurs postes respectifs et étaient placés sous l'autorité exclusive des chefs militaires ou des chefs d'administration dont ils dépendaient. Ils ne relevaient donc pas de l'administration centrale.

Nous avons parlé plus haut de la rupture des communications télégraphiques entre Paris et le dehors. Dans les premiers jours de l'insurrection, la destruction de quelques fils télégraphiques à Pantin donna lieu à un pénible incident diplomatique et militaire qui aurait pu avoir de funestes conséquences. Le 22 mars, en effet, Jules Favre, ministre des affaires étrangères, communiquait à l'Assemblée nationale la dépêche suivante qu'il avait reçue du général prussien, de Fabrice, représentant M. de Bismark absent :

« *Le général de Fabrice à S. Exc. M. Jules Favre.*

« J'ai l'honneur d'informer Votre Excellence que, en présence des événements qui viennent de se passer à Paris et qui n'assurent presque plus l'exécution des conventions dans la suite, le commandant supérieur de l'armée devant Paris interdit l'approche de nos lignes devant les forts occupés par nous, et réclame le rétablissement, dans les vingt-quatre heures, des télégraphes détruits à Pantin. Nous serions obligés d'agir militairement, et de traiter en ennemie la ville de Paris, si Paris use encore de procédés en contradiction avec les pourparlers engagés et les préliminaires de paix, ce qui entraînerait l'ouverture du feu des forts occupés par nous.

« Fabrice. »

En faisant cette communication à l'Assemblée nationale, Jules Favre ajoutait qu'il avait dû déférer à cette injonction et prendre, au nom du Gouvernement, l'engagement de faire respecter, dans toute la mesure du possible, les lignes télégraphiques au pouvoir de l'ennemi.

Le 24 mars, M. Pauvert notifiait au personnel des télégraphes sa nomination aux fonctions de directeur général des télégraphes en remplacement de M. Combatz relevé de ses fonctions sur sa demande.

Un mois après, il adressait aux agents une circulaire dans laquelle il les remerciait du concours qu'ils ne cessaient de lui prêter dans des moments aussi difficiles et aussi périlleux. Cette circulaire portant la date du 24 avril, fut insérée au *Journal officiel de la Commune* du 25 avril, qui annonçait également le rétablissement de la télégraphie privée dans 17 bureaux de Paris, dans ceux de Vincennes (ville) et de Montreuil, dans les bureaux télégraphiques militaires et privés situés aux forts de Vincennes, d'Ivry, de Bicêtre, de Montrouge, de Vanves et d'Issy, ainsi que dans les bureaux ouverts sur le champ de bataille à Neuilly, à Asnières et à l'école des Frères des Ternes.

A partir du 16 mai, le service des télégraphes passa dans les attributions du ministère de la guerre qui le conserva jusqu'à la fin de la lutte.

Nous terminerons ce chapitre par deux épisodes que nous tenons d'une personne bien placée pour connaître les faits qui se sont passés pendant cette terrible période, M. Louis Lucipia.

A un moment donné, le service télégraphique fléchissait visiblement, de fréquents dérangements étaient signalés de divers côtés et les recherches faites n'avaient pas permis de découvrir la cause des interruptions constatées. A tort ou à raison, les soupçons se portèrent sur les télégraphistes eux-mêmes. La Commune ne plaisantait pas en pareille matière : elle se borna à prévenir les agents que celui d'entre eux qui serait convaincu d'avoir volontairement jeté la perturbation dans le service télégraphique serait traité comme rebelle et puni des peines militaires usitées en pareil cas.

Cette menace suffit pour rendre au service toute sa régularité.

Le second fait se réfère aux transmissions échangées entre les forts d'Issy et de Montrouge, occupés par l'armée de la Commune. Plusieurs dépêches officielles n'auraient jamais été reçues par le fort correspondant. M. Lucipia pense que ces dépêches durent être surprises par les télégraphistes de l'armée régulière au moyen de dérivations habilement opérées sur le fil.

Pendant la semaine sanglante (21 au 28 mai 1871), le rôle de la télégraphie à Paris se restreignit de plus en plus au fur et à mesure des progrès de l'armée régulière.

Ces quelques lignes indiquent le parti que le gouvernement de la Commune de Paris put tirer des ressources de la télégraphie qui contribua certainement à prolonger aussi longtemps la continuation de la lutte fratricide.

LA TÉLÉGRAPHIE ÉLECTRIQUE EN FRANCE

DEPUIS LA GUERRE DE 1870-71 JUSQU'A NOS JOURS.

M. Pierret, directeur des lignes télégraphiques — Convention de Rome. — Câble de Calais à Fâno (Danemark). — Convention de Saint-Pétersbourg. — M. Cochery, sous-secrétaire d'État des finances, chargé des deux services des postes et des télégraphes. — Câbles entre la France et la Corse et entre la France et l'Algérie. — Progrès et développement du service télégraphique depuis l'année 1878. — La télégraphie à l'Exposition de 1889. — Situation actuelle du service télégraphique. — Applications diverses de la télégraphie électrique. — Sa supériorité sur les autres systèmes. — Les méprises du télégraphe. — Le poste central des télégraphes de Paris. — Le réseau pneumatique de Paris.

Après la démission de M. Steenackers, l'administration des télégraphes fut confiée à M. Pierret, inspecteur général, qui prit le titre de directeur des lignes télégraphiques.

Quelques mois après, en juin 1871, la première ligne sous-marine reliant directement la France et l'Algérie fut posée entre Alger et Marseille. La France ne disposant pas alors d'un outillage et d'un personnel spéciaux, la fabrication et la pose du câble durent être confiées à une compagnie anglaise.

Plusieurs événements importants se rattachent à l'année 1872.

Les États qui avaient pris part à la convention télégraphique internationale conclue à Paris le 17 mai 1865 et revisée à Vienne le 21 juillet 1868, se réunirent de nouveau à Rome pour introduire dans cette convention les modifications dont l'expérience de quelques années avait fait reconnaître la nécessité.

Vingt-deux États (1) étaient représentés à la conférence de Rome, qui termina ses travaux le 14 janvier 1872.

Pour faire face aux charges écrasantes résultant de la fatale guerre de 1870-1871, l'Assemblée nationale s'était vue contrainte de chercher dans l'aggravation des impôts existants des ressources nouvelles.

Les taxes télégraphiques n'échappèrent pas à cette cruelle nécessité. Aussi la loi du 29 mars 1872 ajouta-t-elle une surtaxe de deux décimes par franc au principal de la taxe des dépêches départementales, et de quatre décimes par franc au principal de la taxe des dépêches inter-départementales.

Nous signalerons enfin le décret du 24 octobre 1872, qui approuva la convention intervenue entre l'État et M. Tietgen, représentant la Grande Compagnie des télégraphes du Nord, pour l'établissement et l'exploitation d'une ligne directe de télégraphie sous-marine entre les côtes de France et celles du Danemark.

En exécution de cette convention, le câble de Calais à Fâno fut posé l'année suivante. Nous croyons devoir insister sur l'importance de cette communication qui nous a affranchis du transit allemand pour nos relations avec les provinces du nord de la Russie. Sous l'influence d'événements politiques d'une portée considérable, l'opinion publique avait réclamé avec une certaine insistance une garantie de cette nature. Le câble Calais-Fâno, qui fonctionne depuis quatorze ans et qui a été doublé depuis, a précisément donné satisfaction pleine et entière à ces légitimes préoccupations.

Pour ne pas fatiguer l'attention du lecteur par des détails pu-

---

(1) Allemagne, Autriche-Hongrie, France, Grande-Bretagne, Indes britanniques, Italie, Russie, Turquie, Espagne, Belgique, Pays-Bas, Indes néerlandaises, Roumanie, Suède, Danemark, Norwège, Suisse, Grèce, Portugal, Serbie, Luxembourg, Perse.

rement administratifs et d'ordre intérieur, nous nous bornerons à signaler la loi du 6 décembre 1873, qui décida, en principe, la réunion du service postal et du service télégraphique pour les bureaux dits municipaux et autres d'ordre secondaire, et enfin la loi du 9 décembre 1874, qui approuva les dispositions de la nouvelle convention télégraphique internationale conclue à Saint-Pétersbourg le 10 juillet 1875 entre les représentants de quinze États (1).

M. Pierret dut quitter l'Administration télégraphique au moment de la fusion des postes et des télégraphes.

Il nous paraît intéressant d'examiner quel était à ce moment l'état du service télégraphique, en comparant les chiffres de 1871 et ceux de 1877, c'est-à-dire pendant la période d'administration de M. Pierret.

De 1871 à 1877, la longueur du réseau aérien s'était élevée de 41.248 à 55.500 kilomètres.

La longueur des fils avait été portée de 119.405 à 145.000 kilomètres.

Les communications sous-marines qui étaient, en 1871, de 571 kilomètres, avaient atteint en 1877, 1.335 kilomètres.

Pendant cette période, 255 kilomètres de conducteurs souterrains avaient été construits.

Le réseau pneumatique qui avait une longueur, en 1871, de 18 kil. 500, atteignait, en 1877, 31 kil. 200.

La circulation télégraphique à l'intérieur, s'était élevée de 4.371.932 dépêches en 1871, à 7.180.636 dépêches en 1877.

La circulation télégraphique internationale était de 590.794 dépêches en 1871, et en 1877, de 993.942 dépêches.

(1) Allemagne, Autriche-Hongrie, Belgique, Danemark, Espagne, France, Grèce, Italie, Pays-Bas, Perse, Portugal, Russie, Suède et Norwège, Suisse, Turquie.

L'ensemble de la circulation télégraphique était monté de 4.962.726 dépêches à 8.174.578, en 1877.

Quant aux produits qui étaient de 8.355.630 francs en 1871, ils ont atteint en 1877 le chiffre de 17.125.678 francs.

Sur 4.587 bureaux qui existaient en 1877, 130 seulement étaient reliés directement à Paris; 20 départements communiquaient avec Paris par plusieurs fils, 33 par un seul fil; 33 départements ne correspondaient qu'à l'aide d'une retransmission avec Paris.

On voit par cet aperçu, que le service télégraphique était loin d'avoir acquis l'importance et le développement nécessaires pour être en mesure de donner satisfaction aux intérêts du public.

M. Parent, dans son rapport sur le budget de 1879, esquissait en ces termes la situation au moment de la fusion des postes et des télégraphes :

« Dans l'état de notre réseau, disait M. Parent, les réexpéditions sont en moyenne de 4 par télégramme; elles se sont élevées quelquefois à 6.

« Nous pourrions citer des bureaux télégraphiques qui sont obligés de faire faire aux télégrammes un circuit de 100 à 150 kilomètres, quelquefois à travers plusieurs départements, pour arriver au chef-lieu de leur propre département dont ils ne sont distants que 20 à 30 kilomètres. »

Par suite de l'insuffisance de nos communications sous-marines, nous ne pouvions correspondre avec la Corse qu'en empruntant des lignes italiennes.

Le public réclamait de nouveaux bureaux et des transmissions plus rapides.

Le personnel télégraphique était mal payé et complètement découragé.

Cette situation regrettable qui ne pouvait se prolonger sans péril, excitait à bon droit les plus sérieuses alarmes.

Le Gouvernement, dont l'attention avait été appelée à maintes reprises sur cet état de choses, crut trouver le remède dans la fusion des postes et des télégraphes.

Nous allons voir, en effet, qu'à partir de ce moment le service télégraphique va prendre une extension considérable et en rapport avec la place qui lui est légitimement due parmi les grands services de l'État.

Le décret du 27 février 1878, rendu sur la proposition de M. Léon Say, rattacha au ministère des finances l'administration des télégraphes qui relevait du ministère de l'intérieur.

Comme pour l'administration des postes, M. Adolphe Cochery, sous-secrétaire d'État, devint ainsi le chef suprême du service, et, en vertu du même décret, il fut autorisé à prendre toutes les mesures nécessaires pour assurer la réunion des deux services.

Plus tard, un décret du 5 février 1879 constitua les postes et les télégraphes en un ministère spécial à la tête duquel M. Adolphe Cochery fut maintenu.

C'est ainsi que fut définitivement résolue cette question de la fusion des postes et des télégraphes, question timidement posée dès 1829, agitée devant le Corps législatif en 1862 et 1864, reprise accidentellement en 1871 par l'Assemblée nationale (1) et enfin décidée en principe par la loi du 6 décembre 1873, votée à la suite d'un remarquable rapport de M. Charles Rolland, député (2).

La concentration de ces deux importants services qui, pour nous servir de l'expression de M. Charles Rolland, ont le même but, la

---

(1) Voir le rapport de M. Eschasseriaux.
(2) Rapport de M. Charles Rolland, député à l'Assemblée nationale, déposé le 21 juin 1872.

charge commune de la correspondance, permit à M. Cochery de

Fig. 53. — M. Baudot.

réaliser d'importantes réformes, dont la première fut l'abaissement des tarifs postaux et télégraphiques.

La loi du 21 mars 1878 qui réduisit les tarifs télégraphiques, ramena uniformément à 5 centimes par mot les taxes respectives de 60 centimes et de 1 fr. 40 par vingt mots. Cette loi fut inaugurée le 1er mai 1878, jour même de l'ouverture de l'Exposition universelle.

Sous l'influence du nouveau tarif, le nombre des correspondances télégraphiques s'éleva immédiatement de 61 pour 100 pendant les douze premiers mois d'application (1).

L'administration des télégraphes avait bien prévu que la réforme devait avoir pour conséquence inévitable le développement de la correspondance et elle avait déjà pris ses mesures pour constituer un réseau qui fût en état de répondre aux exigences de la situation nouvelle. Mais en présence d'un aussi prodigieux résultat, toutes les ressources disponibles furent consacrées, en majeure partie, à accroître et à perfectionner les moyens de communication existants.

C'est ainsi que la longueur totale de nos lignes aériennes, qui était de 55.500 kilomètres en 1877, fut portée par étapes successives à 73.000 kilomètres au 31 décembre 1883.

L'accroissement des fils fut plus considérable encore. Leur longueur fut portée de 145.000 kilomètres en 1877, à 224.000 kilomètres à la fin de l'année 1883, soit une augmentation totale de 79.000 kilomètres pendant ces six années.

Il est à remarquer que cette énumération ne comprend pas le réseau souterrain.

Ce réseau spécial, qui ne dépassait pas, au 31 décembre 1877, 4.150 kilomètres de fils, comportait, au 31 décembre 1883, 14.000 kilomètres de fils, non compris les lignes dites d'intérêt privé et le réseau des chemins de fer.

(1) La circulation télégraphique intérieure, qui était de 7.180.636 télégrammes intérieurs en 1877, s'éleva successivement de 10.007.363 en 1878, à 15.568.043 en 1880 et à 22.412.483 pour l'année 1884.

Les communications sous-marines reçurent également de notables extensions.

Le 16 novembre 1878, un câble direct, d'une longueur de

Fig. 54. — Appareils multiples imprimeurs, système Baudot.

281 kilomètres 504 mètres, était inauguré entre la France et la Corse (Antibes à Saint-Florent).

Le 11 octobre 1879, un second câble, d'une longueur de plus de 900 kilomètres, était posé entre Marseille et Alger.

Un troisième câble franco-algérien était immergé le 3 octobre 1880 et livré le 6 octobre suivant à l'exploitation.

Par suite de la pose de ces trois câbles et de ceux de Bizerte, la Calle, Bône, Bizerte et Sousa-Zarzis, et aussi de l'immersion de quelques câbles côtiers, notre réseau sous-marin fut porté en six ans à 4.534 kilomètres.

Si à ces renseignements nous ajoutons encore l'extension de 31 kil. 200 à 140 kilomètres du réseau pneumatique de Paris, l'élévation de 4.587 à 7.523 du nombre des bureaux télégraphiques français, l'emploi d'appareils rapides perfectionnés tels que l'appareil automatique de Wheatstone, et les appareils multiples de MM. Baudot et Meyer, tous les deux agents de l'administration française, on voit que l'outillage était bien à la hauteur des nécessités nouvelles.

Aussi l'administration figura-t-elle avec honneur à l'Exposition internationale d'électricité de 1881, où M. Baudot obtint une grande médaille d'or pour son appareil multiple imprimeur qui est une véritable merveille électrique. Cet inventeur avait obtenu précédemment les plus brillantes récompenses à l'Exposition de Paris en 1878 et à l'Exposition de Vienne.

Notre merveilleuse Exposition de 1889 donna à la télégraphie française une nouvelle occasion de montrer ses progrès.

Peut-être n'a-t-on pas oublié l'élégant pavillon des Postes et des Télégraphes qui s'élevait à l'Esplanade des Invalides en face du Palais de l'Algérie et à côté de l'imposant bâtiment affecté au Ministère de la Guerre. Ce pavillon comprenait une superbe salle centrale flanquée d'annexes et de vestibules et éclairée par de larges baies garnies de vitraux.

Là se trouvait habilement groupé tout le matériel servant à la transmission de la pensée, depuis le puissant bureau ambulant jusqu'aux délicats instruments dont les organes si sensibles s'animent sous l'influence du moindre courant électrique.

Au centre, se dressait comme un hommage au passé, une réduction du télégraphe Chappe!

Autour de la salle, les habiles organisateurs avaient disposé sur des étagères des milliers d'éléments de piles reliés à un commutateur central qui distribuait le courant électrique aux divers appareils fonctionnant sous les yeux des visiteurs.

On voyait ici le télégraphe à cadran des chemins de fer, là les *parleurs,* de divers systèmes, appareils d'une extrême simplicité dans lesquels l'armature d'un électro-aimant frappe les signaux qui sont perçus au son. Venaient ensuite l'appareil Morse et ses dérivés, le Wheatstone à transmetteur automatique, le télégraphe imprimeur Hughes et ses dérivés, les appareils autographiques Caselli et Meyer, les télégraphes à transmission multiple Meyer, Baudot, Munier.

Plus loin, étaient installés les délicats appareils usités dans la télégraphie sous-marine, le galvanomètre à miroir de Sir William Thomson qui réfléchit sur un écran le miroir d'une lampe, et le siphon Recorder établi tel qu'il fonctionne sur les câbles de Marseille à Alger, c'est-à-dire en duplex et avec transmetteur automatique.

Les systèmes ingénieux de décharge des lignes souterraines et sous-marines, aussi bien que les remarquables variétés de relais sollicitaient aussi l'attention des visiteurs, de même d'ailleurs, que les appareils de mesures électriques, des appareils accessoires, les systèmes d'avertisseurs d'incendie, les instruments servant à l'enseignement et aux recherches scientifiques de l'École professionnelle supérieure des Postes et des Télégraphes, des spécimens de matériel de ligne, tels que fils, poteaux, isolateurs, câbles, etc. De nombreux ouvrages de bibliographie postale et télégraphique, des cartes du réseau français, des aquarelles, des dessins complétaient cette remarquable exposition.

Enfin, des tableaux graphiques résumaient à l'aide de courbes, l'ensemble des opérations postales et télégraphiques des dix dernières années. Quelques chiffres sont à retenir.

Tandis qu'en 1878, il avait été expédié 16 millions et demi de télégrammes ayant procuré une recette de 23 millions de francs, en 1888 le nombre des dépêches expédiées atteignait 36 millions et malgré l'abaissement des tarifs, produisait 32 millions de recettes.

Quant au réseau télégraphique, sa longueur qui était en 1878 de 190,000 kilomètres de fils atteignait 300,000 kilomètres en 1888.

Ces résultats montrent que sous les successeurs de M. Cochery, MM. les ministres Sarrien, Granet, et M. Coulon, directeur général, le service télégraphique avait subi une progression constante.

Mais la télégraphie française ne figurait pas seulement à l'Exposition, dans le pavillon de l'Esplanade des Invalides.

Indépendamment du bureau ouvert au champ de Mars, un service télégraphique fut inauguré le 9 septembre sur la troisième plate-forme de la tour Eiffel. La première dépêche fut adressée à M. Eiffel; aussitôt les visiteurs affluèrent au guichet et une demi-heure après, plus de cinquante dépêches étaient déjà déposées. Ce succès ne s'est pas démenti jusqu'à la clôture de l'Exposition.

Ajoutons que le téléphone installé aux trois étages et relié au bureau central de l'Exposition, ne chôma pas plus que le guichet télégraphique, les vendeuses de cartes postales de la Tour, les ascenseurs et le registre du *Figaro*. Le prince Baudouin eut même un jour, l'idée originale de téléphoner à Bruxelles du haut de la tour Eiffel pour prier l'inspecteur de ce bureau d'aller porter ses salutations à S. M. le roi des Belges ainsi qu'au comte et à la comtesse de Flandre et au colonel de son régiment, et de leur dire combien il était ravi de son ascension et du splendide panorama qui se déroulait à ses pieds.

C'était la première fois qu'une communication téléphonique
était établie entre la tour Eiffel et une ville étrangère. Le fait nous
a paru digne d'être rappelé.

Depuis 1889, la télégraphie française n'a fait que persévérer
dans la voie des améliorations progressives, sous l'habile direction
de M. de Selves, directeur général actuel.

Qu'il nous suffise de dire, pour ne citer que les principales de
ces améliorations, que pendant les années 1890, 1891 et 1892,
le réseau télégraphique français s'est accru de 2,500 kilomètres
de fils aériens dont 400 kilomètres ont été affectés à l'extension
des réseaux départementaux.

En même temps, la substitution d'appareils multiples Baudot
à l'appareil Hughes a permis de faire face à l'augmentation de
trafic de certains fils trop chargés.

Quant aux bureaux télégraphiques, leur nombre était au 1ᵉʳ
janvier 1894, de 11.044 pour la France et la Corse, et de 380
pour l'Algérie.

N'oublions pas de mentionner les importants travaux de la
Conférence télégraphique internationale qui s'est réunie à Paris
le 16 mai 1890. Les résolutions de cette conférence, approuvées
par la loi du 19 juin 1891, ont exercé la plus heureuse influence sur
le trafic international et accordé au public des facilités nouvelles.

La réduction en 1891 des charges imposées aux communes
pour l'obtention de bureaux municipaux a eu pour effet de provoquer de nombreuses demandes nouvelles de la part des municipalités : pendant cette période triennale, il a été ouvert 709 bureaux de cette catégorie.

Une réduction analogue a été consentie par arrêté du 9 juin

1892 aux pétitionnaires de lignes d'intérêt privé; il a été accordé du 1er janvier 1890 au 31 décembre 1892, 4,871 concessions nouvelles de lignes d'intérêt privé.

L'extension du réseau sous-marin mérite aussi une mention spéciale. Bornons-nous à citer l'immersion de nouveaux câbles sous-marins :

> entre Toulon et Ajaccio (11 juillet 1891),
> entre Marseille et Oran (7 septembre 1892),
> entre notre colonie du Sénégal et le Brésil (octobre 1892),
> entre Marseille et Tunis (19 février 1893),
> entre l'Australie et la Nouvelle-Calédonie (16 octobre 1893).
>   Ce dernier câble a été posé par la Société française des
>   Télégraphes sous-marins.

Mentionnons enfin la pose en novembre 1891, d'un fil de bronze de Paris à Calais et l'immersion par la grande compagnie des télégraphes du Nord d'un second câble entre Calais et les côtes danoises destiné à doubler la communication Paris-Fredericia qui était devenue insuffisante, le trafic quotidien atteignant environ 800 télégrammes échangés entre la France d'une part, le Danemark, la Suède et la Russie d'autre part.

Nous ne terminerons pas ce chapitre sans insister sur l'importance exceptionnelle que présentait cette nouvelle communication au moment des inoubliables fêtes franco-russes d'octobre 1893. Dans ces journées mémorables où deux puissantes nations se confondaient dans une solennelle étreinte, les télégraphistes de Toulon, Marseille, Lyon et Paris eurent à faire face à un surcroît de travail absolument invraisemblable et dont ils s'acquittèrent de la façon la plus brillante.

La télégraphie française n'a pas dégénéré.

Applications diverses de la télégraphie électrique : sa supé-

riorité sur les autres systèmes. — « La dépêche télégraphique, a dit très justement M. Amédée Guillemin (1), ne sert pas seulement aux relations de famille ou d'amitié, mais encore et surtout aux relations d'affaires, au commerce, à l'industrie, aux spéculations de bourse. Voilà pour les intérêts privés. La diplomatie, la guerre, les

Fig. 55. — Médaille commémorative du Congrès des électriciens tenu à Paris en 1881.

travaux publics, l'administration, la politique, la police, en font un usage continu. C'est un auxiliaire, devenu tout à fait indispensable, des communications par voies ferrées; l'immense développement du service des chemins de fer, le mouvement incessant des trains, les ordres à expédier jour et nuit pour le besoin de ces services si

(1) *Le Télégraphe et le Téléphone*, par M. Amédée Guillemin; Paris, 1886.

importants, exigent l'emploi pour ainsi dire continu de la télégraphie électrique sur les plus petites lignes, *à fortiori* sur les grandes.

« Dans un domaine plus élevé et plus serein, celui de l'astronomie et de la physique du globe, la télégraphie électrique a

Fig. 56. — Médaille commémorative de l'Exposition internationale d'Électricité tenue à Paris en 1881.

déjà rendu les services les plus grands; elle a fourni aux astronomes le moyen de déterminer avec précision la longitude, signalé à tous les observatoires les découvertes des astres nouveaux, comètes ou planètes, et fait ainsi gagner des semaines à la vérification, à l'enregistrement des découvertes. En météorologie, le service télégraphique annonce quotidiennement les perturbations prochaines du temps, les crues des cours d'eau, prévient les ports

des bourrasques, et dote ainsi la navigation d'avertissements précieux qui ont déjà fait éviter bien des sinistres aux navires et à
leurs équipages. »

Il nous paraît inutile d'insister sur les innombrables applications de la télégraphie électrique, mais pour rendre plus saisissante l'étonnante progression qu'a suivie depuis un siècle la
rapidité de la transmission lointaine de la pensée, nous nous
bornerons à citer les quelques exemples suivants qui fixeront
mieux les idées à cet égard.

La victoire de Fontenoy, remportée le 11 mai 1745 sur les Anglais par le maréchal de Saxe, ne fut connue à Paris et annoncée
par la *Gazette de France* que le 15 mai, c'est-à-dire quatre jours
après.

En 1801, la nouvelle de la mort de Paul Ier, empereur de
Russie (12 mars 1801), mit vingt et un jours pour arriver à Londres
par les courriers.

La nouvelle de la bataille d'Austerlitz, livrée le 2 décembre
1805, ne parut au *Moniteur* que le 12 décembre, c'est-à-
dire dix jours après. Elle fut apportée à Paris par le colonel
Lebrun. Le rapport détaillé de cette mémorable victoire, qui forme
le trentième bulletin de la Grande Armée, ne fut publié par le
Moniteur que quatre jours plus tard, c'est-à-dire le 16 décembre.

Nous avons déjà vu que le gouvernement de Louis XVIII ne
fut informé que le 5 mars du débarquement de Napoléon au
golfe Juan, c'est-à-dire quatre jours après cet important événement survenu le 1er mars! Ce fut seulement dans la soirée du
11 mars, que les membres du Congrès l'apprirent à Vienne, en
valsant chez le prince de Metternich. Nous croyons inutile d'a-
jouter que la valse s'arrêta incontinent.

Cette grande nouvelle ne parvint à l'île de la Réunion que longtemps après les Cent jours et la bataille de Waterloo, et par conséquent sous la deuxième Restauration! Le fait mérite d'être signalé. Les habitants de Saint-Denis célébraient la Saint-Louis lorsqu'un navire apporta la nouvelle : ils s'empressèrent de suspendre la fête et ils arborèrent la cocarde tricolore!

Notre défaite de Waterloo ne fut connue que treize jours après, à Berlin.

La nouvelle de la prise d'Alger (5 juillet 1830) ne parvint à Paris que dans la soirée du 13 juillet.

La terrible insurrection de Varsovie (30 novembre 1830) ne fut connue à Paris par le ministre de la guerre que dix jours après.

Quant aux relations avec les pays lointains, elles s'effectuaient avec une excessive lenteur.

Pour recevoir des nouvelles de leurs possessions dans l'Inde, les Anglais étaient contraints, au commencement de ce siècle, d'attendre l'arrivée de bâtiments qui mettaient cinq mois à effectuer ce trajet!

Plus tard, en 1837, le *Mercure belge* signalait comme ayant réalisé un progrès merveilleux l'installation de petits télégraphes mobiles servant aux opérations de bourse entre Paris et Bruxelles. Le même journal ajoutait avec admiration qu'un événement arrivé à Paris dans la journée, avait pu être connu à Bruxelles avant la nuit.

Nous ne saurions, sans retomber dans les redites et les banalités, établir un rapprochement entre ces différents faits et la situation actuelle, qui permet, par exemple, aux négociants du Havre de recevoir dans la même journée des réponses de leurs correspondants de New-York, aux Anglais de recevoir en quelques heures des nouvelles de l'Inde et de l'Australie!

Une telle rapidité tient du prodige.

Nous venons de parler des services rendus au commerce par le télégraphe électrique, mais ce merveilleux instrument peut également servir, dans certains cas, d'agent matrimonial direct, témoin le fait-divers suivant, qui a été récemment publié par un certain nombre de journaux parisiens :

« L'Amérique est le pays des surprises. C'est ainsi qu'un mariage vient d'être célébré, ces jours-ci, à Starke-Station (Géorgie), dans les conditions les plus romanesques.

« Les mariés ne s'étaient jamais vus avant la cérémonie; mais le jeune homme, H. Harris, était employé de télégraphe à Dalton, et la jeune fille, Ella Phillips, occupait le même poste à Sugar Valley. Or, pendant leurs moments de loisir à leurs bureaux respectifs, Harris et Ella échangeaient des messages personnels. Ils s'étaient enquis ainsi de l'âge, des goûts, etc., l'un de l'autre, et ont fini par se faire la cour et se fiancer par télégraphe. Enfin, tout dernièrement, les fiancés, s'étant entendus à cet effet, toujours au moyen du télégraphe, se sont rencontrés à Stark-Station, où ils se sont mariés.

« Discrétion et célérité! »

Ajoutons que des faits analogues se sont déjà produits en France; mais, grâce à la modestie et à la prudence de nos héros, ils n'ont pas eu le même retentissement.

Les méprises du télégraphe.— Parlerons-nous maintenant des méprises du télégraphe?

Hélas! toute médaille a son revers.

Notre intention n'est pas d'insister sur ces fatales et grossières erreurs qui ont entraîné plus d'une fois les conséquences les plus désastreuses. C'est à bon droit que ces lourdes fautes sont sévèrement réprimées. Mais il en est d'autres qui, sans perdre ce caractère de gravité, présentent cependant un côté comique des plus curieux.

Nous nous bornerons à citer les quelques faits suivants, qui remontent déjà à quelques années.

La scène se passe en Autriche.

On sait que les Hongrois éprouvent une assez vive répulsion à se servir de la langue allemande, qu'ils n'emploient guère que dans les circonstances officielles, et que presque toutes leurs correspondances sont écrites dans la langue maternelle. Or, dans un bureau de l'État autrichien (à Trieste), on reçoit de Pesth une dépêche écrite en hongrois incompréhensible des employés présents à ce moment; cependant, il fallait la faire parvenir à son destinataire et, dans le but d'en découvrir l'adresse, l'un des agents se mit en devoir de scruter tous les mots du télégramme. Un nom propre en vedette attira plus particulièrement son attention.

— Je crois, dit-il enfin, qu'il s'agit d'un M. J. K...

— J. K...? réplique un facteur, je le connais et sais où il demeure : je vais lui porter la dépêche.

Ce qui fut fait.

M. J. K... ouvre la dépêche, la serre ensuite précieusement en félicitant le facteur de sa perspicacité et ajoute, en le gratifiant d'un généreux pourboire, qu'il s'agit d'une affaire extrêmement pressante qui l'appelle en Italie.

La joie du brave agent fut de courte durée, car, peu après sa rentrée au bureau, le traducteur découvrit qu'on avait remis à M. J. K... une dépêche qui demandait son extradition!

Voici un second fait qui s'est produit en France :

Il y a cinq ou six ans, le père L..., supérieur des Capucins de V..., était allé visiter une confrérie voisine. Avant de repartir pour son couvent, il eut l'idée d'envoyer son secrétaire au télégraphe pour annoncer son retour. Le télégramme était ainsi conçu : « *Père L.... et moi arriverons demain.* » Tout allait pour le mieux. La dépêche est lancée, elle transite dans quatre ou cinq stations et arrive enfin à destination dans la forme suivante : « *Père L... est mort arriverons demain* »

Quelle ne fut pas la surprise du couvent de V... en apprenant la mort si inattendue de son supérieur! La fatale nouvelle se répand bien vite dans la petite ville, et le lendemain le clergé et les confréries réunis processionnellement se rendent à la gare pour attendre le corps. Une chapelle ardente est préparée et le glas funèbre retentit. La cloche du chemin de fer annonce l'arrivée du train, et aussitôt les prières pour les morts sont récitées. Les chapelets s'agitent et le train entre en gare au milieu de l'émotion générale.

On attend le cercueil, et... c'est le père L.... que l'on voit descendre lui-même du train, l'œil clair, la jambe assurée, la mine fraîche et souriante.

La stupéfaction est à son comble, lorsque le père L... s'approche et demande étonné :

— Vous enterrez donc quelqu'un?

— Mais c'est vous! lui répond-on.

Après un court échange d'explications, on reconnut aisément que le télégraphe était le seul coupable de cette méprise.

Quelques instants après, l'émotion était à peu près calmée, et ce fut à peine si le ministre d'alors fut quelque peu maudit pour l'erreur impardonnable de ses employés!

Terminons par cette dernière anecdote.

Un jeune ménage parisien, auquel ne manquaient ni la noblesse, ni le rang, ni la fortune, se désolait, au bout de quelques années de mariage, de ne point avoir d'héritier. Un jour vint, cependant, où un nouveau rameau parut vouloir pousser sur l'arbre généalogique. Il va sans dire que la joie fut grande chez les époux et chez leurs ascendants.

Sans tarder, on consulte une sommité médicale qui confirme la chose et conseille, pour aider la nature, un voyage en Italie, promettant d'ailleurs de se rendre auprès de la future mère au moment opportun.

Quelques mois se passent, et un beau matin, sans trop crier gare, tandis que le docteur préparait ses malles à Paris, voilà qu'un gros garçon fait son entrée dans le monde, près de Naples. Vite, on télégraphie à l'Esculape qui avait annoncé son arrivée prochaine :

Ne venez pas, trop tard !

Mais entre Naples et Paris se perd la virgule et le télégramme arrive ainsi libellé : « Ne venez pas trop tard ! »

— « Fichtre ! je n'ai pas un moment à perdre », se dit le docteur, en lisant sa dépêche. Et le jour même il prend le train, vole sur la voie, s'embarque à Marseille et arrive... juste pour assister au baptême. Étonnement des uns, colère de l'autre, réclamations, enquête, et finalement menace de procès.

Mais la joie était si grande dans la famille qu'on paya au docteur tout ce qu'il voulut. On dit même qu'il consentit à être le parrain du bébé trop pressé qui lui avait causé une si désagréable surprise.

Fig. 57. — Grande salle des télégraphistes au poste central de Paris.

Le Poste central de Paris.

Le service télégraphique de Paris a une importance exceptionnelle que l'on s'explique aisément. Paris, tête et cœur de la

Fig. 58. — Appareil automatique de Wheatstone.

France, est en effet un centre d'où tout rayonne et où tout con-
verge.

C'est au Poste central des télégraphes de Paris que viennent
aboutir toutes les dépêches télégraphiques échangées entre Paris

et les départements ou l'étranger, ainsi qu'un grand nombre de celles qu'échangent entre elles les différentes villes.

Le Poste central est exclusivement un bureau de transmissions ; aucune dépêche n'y est déposée directement et il n'en distribue directement aucune. Le service assuré par des hommes et par des dames, est permanent de jour et de nuit.

Le personnel comprend actuellement un chef de service, assisté de 2 chefs de section, de 8 sous-chefs de section, et de 57 commis principaux ayant sous leurs ordres 439 télégraphistes hommes, 521 dames télégraphistes, 16 mécaniciens et 120 facteurs.

On conçoit qu'un personnel aussi nombreux ne peut être installé que dans de vastes locaux spécialement aménagés. Deux nouvelles salles ont été construites récemment et livrées à l'exploitation. Leur installation ne laisse rien à désirer, la lumière y pénètre par des baies largement ouvertes; la nuit, elles sont éclairées à la lumière électrique. L'une de ces salles est occupée par des télégraphistes hommes, la seconde par les dames télégraphistes.

Les 433 appareils de diverse nature en service au Poste central sont groupés dans chacune de ces salles, suivant un ordre méthodique basé sur la classification régionale. Ces appareils se subdivisent ainsi qu'il suit :

244 appareils Morse,
152 — Hughes (imprimeurs),
1 — Wheatstone (rapide à traduction),
35 — Baudot (multiples imprimeurs),
1 — à cadran,
plus 5 relais translateurs.

On sait que les appareils du système Baudot sont les plus rapides usités en télégraphie; ils desservent les villes les plus im-

Fig. 59. — Salle du sous-sol affectée au service des piles du Poste central de Paris.

portantes, notamment celles de Marseille, le Havre, Lille, Bordeaux, Toulouse, Lyon, Brest, Caen, Clermont-Ferrand, Nantes. Ils permettent à plusieurs employés de travailler à deux, à quatre et même à six sur un même fil, grâce à l'ingénieuse application de la division du temps. Enfin une heureuse disposition permet aujourd'hui de desservir, par l'appareil Baudot, des fils partagés entre trois villes différentes, comme celui de Paris-Auch-Tarbes par exemple. Le Poste central peut ainsi communiquer avec Auch et Tarbes comme si chacun de ces bureaux disposait d'un fil direct avec Paris.

Tous les chefs-lieux de départements sont aujourd'hui reliés directement avec Paris, à l'exception de Mont-de-Marsan, et d'Ajaccio.

Quant aux communications directes de Paris avec l'étranger elles se répartissent conformément au tableau suivant :

ALLEMAGNE.............	Berlin.
	Cologne.
	Francfort.
	Hambourg.
	Mulhouse.
	Strasbourg.
ANGLETERRE	Londres.
AUTRICHE.............	Vienne.
	Brégenz.
BELGIQUE ET PAYS-BAS..	Bruxelles.
	Anvers.
	Amsterdam.
DANEMARCK	Fredericia.
ESPAGNE..............	Madrid.
ITALIE...............	Rome.
	Florence.
	Milan.
	Turin.
SUISSE...............	Bâle.
	Berne.
	Genève.

Le sous-sol est assurément l'une des parties les plus intéressantes du Poste central : là nous trouvons des salles voûtées, affectées aux 1.000 éléments de piles entretenus par 6 facteurs pilistes, 286 moteurs actionnant les appareils imprimeurs des systèmes Hughes et Baudot et 120 éléments d'accumulateurs distribuant le courant électrique aux appareils non alimentés par les piles. Si l'on compare cette situation à celle de l'année 1888, on constate que le nombre d'éléments de piles en service au Poste central a été réduit de 9.000 à 1.000, grâce à un ingénieux dispositif dû à M. Picard, agent du Poste central, à qui l'administration se trouve ainsi redevable d'une économie considérable et d'une réelle amélioration.

Nous regrettons que le cadre restreint de notre étude ne nous permette pas d'entrer dans un examen plus détaillé de l'installation du Poste central de Paris, mais nous espérons que ces renseignements et les quelques chiffres qui suivent, permettront au lecteur de se rendre compte du rôle d'un semblable organe, qui, avec une régularité parfaite, aspire et refoule sans cesse les nombreux télégrammes échangés entre Paris, la province et l'étranger.

En 1878, le nombre des dépêches transitant par le poste central de Paris ne dépassait pas 7.136.500. Ce nombre s'est élevé à 14.975.684 en 1886, et à 21 millions en 1893, ce qui donne en faveur de cette dernière année une augmentation de 13.863.500 dépêches, par rapport à l'année 1878, et de plus de 6 millions par rapport à l'année 1886.

Le Poste central transmet en outre, quotidiennement, plus de 100.000 mots par les fils loués ou concédés à divers journaux de province.

Fig. 60. — Installation des appareils des tubes pneumatiques au Poste central.

Réseau pneumatique de Paris.

Avant la création du réseau pneumatique, qui remonte à l'année 1867, la distribution des dépêches dans Paris était l'objet

Fig. 61. — Facteurs des télégraphes.

des plaintes les plus vives de la part du public, qui avait peine à comprendre qu'un agent aussi rapide que l'électricité put se faire battre par le commissionnaire!

Telle était cependant l'exacte vérité dans un grand nombre de cas, et la raison en est simple. En effet, comme le disait avec esprit le regretté ingénieur Bontemps, la transmission électrique suppose la décomposition des dépêches. Plusieurs signaux successifs font une lettre, plusieurs lettres un mot. On voit ainsi que le télégraphe, comme les praticiens célèbres, a une antichambre; il est d'abord à celui qui le tient et ne passe au suivant qu'après avoir congédié le premier.

D'autre part, le public va au télégraphe à sa guise; il se règle comme il l'entend, suivant ses affaires ou au gré de ses plaisirs ou de ses convenances. Il faut donc qu'on l'attende, et rien n'est plus juste, puisqu'il paie; mais c'est précisément cette fantaisie qui ruine l'entreprise, puisqu'elle l'oblige à se tenir sur un pied de paix armée dont personne ne veut supporter les frais.

Précisons davantage. Vous êtes à Batignolles à cinq heures du soir, retenu par un empêchement imprévu, et vous voulez prévenir chez vous que vous ne rentrerez pas pour le dîner. Vous ne pouvez songer à envoyer une lettre, qui, vous le savez, devra être conduite de brigade en brigade jusqu'à la Recette principale, d'où, après une nouvelle étape, elle prendrait place dans la boîte du facteur chargé de la distribuer, soit au total un trajet minimum de deux à trois heures.

La poste est donc écartée, et l'on court au télégraphe qui, ne disposant pas d'un fil direct reliant les différents quartiers entre eux, envoie votre dépêche au bureau central, d'où elle est acheminée sur le bureau de distribution après avoir pris son rang parmi les nombreux télégrammes qui, précisément à la même heure, affluent au Poste central, comme les voyageurs dans une station d'omnibus un jour de pluie. Les expéditeurs avisés qui faisaient ces réflexions préféraient alors recourir au commissionnaire.

Ces considérations déterminèrent l'administration à créer le réseau pneumatique qui dessert aujourd'hui les 105 bureaux télégraphiques de Paris, et qui transporte votre propre dépêche jusqu'au bureau chargé d'en assurer la remise au destinataire.

Ce réseau, qui atteint aujourd'hui une longueur de 190 kil. environ, se compose d'un réseau principal auquel aboutissent d'autres réseaux secondaires avec divers embranchements, plus une voie double directe entre le bureau central et celui de la Bourse.

Le service pneumatique a été inauguré en 1858 à Londres, en 1867 à Paris et à Berlin, et en 1871 à Vienne.

A Paris, les lignes pneumatiques sont établies au moyen de tuyaux en fonte ou en fer, suivant qu'elles sont posées en terre ou qu'elles sont fixées dans les galeries d'égout. Les dépêches transmises par cette voie sont placées dans des étuis à double enveloppe, l'une extérieure en cuir, l'autre intérieure en tôle de fer. Plusieurs boîtes placées successivement dans l'intérieur des tuyaux constituent un *train*. La pression de l'air comprimé s'exerce sur l'ensemble de ces boîtes par l'intermédiaire d'un piston en fer creux, qui est muni à sa partie supérieure d'une collerette à ailettes en cuir. Les appareils d'envoi et de réception se composent d'une boîte communiquant d'une part avec la ligne et de l'autre avec un double branchement commandé par des valves qui mettent la boîte et la ligne en relation soit avec le réservoir d'air comprimé, pour l'expédition des trains, soit avec l'échappement à air libre, pour leur réception.

On peut évaluer à un kilomètre par minute la vitesse obtenue par ce système.

Le service pneumatique qui avait été jusqu'à l'année 1879, limité aux bureaux situés dans l'ancienne enceinte de Paris, a été depuis cette époque, étendu à tous les bureaux indistinctement. Ces bureaux actuellement au nombre de 105, peuvent donc tous expédier et recevoir les cartes-télégrammes et les télégrammes fermés si appréciés des Parisiens.

Toutefois, depuis le 1er mai 1892, la transmission par voie télégraphique de télégrammes taxés au mot de Paris pour Paris, a été rétablie concurremment avec la transmission des dépêches pneumatiques. A cet effet, les 105 bureaux télégraphiques de Paris sont reliés électriquement au poste central qui dirige immédiatement les « petits bleus » sur le bureau destinataire. Cette nouvelle mesure paraît avoir été bien accueillie du public qui a ainsi la faculté de choisir lui-même à sa guise et suivant ses préférences personnelles, soit la voie électrique, soit la voie pneumatique.

TÉLÉPHONIE.

La téléphonie en France. — Son histoire et ses développements.

Au mois de septembre 1876, sir William Thomsom, l'éminent électricien anglais, faisait la communication suivante aux membres de l'Association britannique pour l'avancement des sciences, réunis à Glasgow :

« Au département des télégraphes des États-Unis, j'ai vu et entendu le téléphone électrique de M. Elisha Gray, merveilleusement construit, faire résonner en même temps quatre dépêches en langage morse, et avec quelques améliorations de détails, cet appareil serait évidemment susceptible d'un rendement quadruple... Au département du Canada, j'ai entendu : « *To be or not to be. — There's the rub*, » articulés à travers un fil télégraphique, et la prononciation électrique ne faisait qu'accentuer encore l'expression railleuse des monosyllabes; le fil m'a récité aussi des extraits au hasard des journaux de New-York... Tout cela, mes oreilles l'ont entendu articuler très distinctement par le mince disque circulaire formé par l'armature d'un électro-aimant. C'était mon collègue du jury, le professeur Watson, qui, à l'autre extrémité de la ligne, proférait ces paroles à haute et intelligible voix, en appliquant sa bouche contre une membrane tendue, munie d'une petite pièce de fer doux, laquelle exécutait près d'un électro-aimant introduit dans le circuit de la ligne des mouvements proportionnels aux vibrations sonores de l'air. Cette découverte, la merveille des merveilles du télégraphe électrique, est due à un de nos jeunes compatriotes, M. Graham Bell, originaire d'É-dimbourg, et aujourd'hui naturalisé citoyen des États-Unis.

« On ne peut qu'admirer la hardiesse d'invention qui a permis de réaliser avec des moyens si simples le problème si complexe de faire reproduire par l'électricité les intonations et les articulations si délicates de la voix et du langage... »

L'idée grandiose réalisée par sir Graham Bell n'était certes pas nouvelle. Comme l'a dit M. du Moncel, « cette idée est aussi ancienne que le monde. » Suivant M. Preece, ajoutait-il, le document le plus ancien où la transmission du son à distance soit formulée d'une manière un peu nette, remonte à l'année 1667, comme il résulte d'un écrit du physicien Robert Hooke, qui dit à ce propos : « Il n'est pas impossible d'entendre un bruit à grande distance, car on y est déjà parvenu, et l'on pourrait même décupler cette distance sans qu'on puisse taxer la chose d'impossible. Bien que certains auteurs estimés aient affirmé qu'il était impossible d'entendre à travers une plaque de verre noircie très mince, je connais un moyen facile de faire entendre la parole à travers un mur d'une grande épaisseur. On n'a pas encore examiné à fond jusqu'où pouvaient atteindre les moyens acoustiques, ni comment on pourrait impressionner l'ouïe par l'intermédiaire d'autres milieux que l'air, et je puis affirmer *qu'en employant un fil tendu, j'ai pu transmettre instantanément le son à une grande distance et avec une vitesse sinon aussi rapide que celle de la lumière, du moins incomparablement plus grande que celle du son dans l'air. Cette transmission peut être effectuée non seulement avec le fil tendu en ligne droite, mais encore quand ce fil présente plusieurs coudes... (1)* »

(1) *Le téléphone*, par le comte Th. du Moncel, membre de l'Institut; Paris, Hachette, p. 1 et 2.

Sans remonter à toutes les tentatives qui furent faites pour atteindre le résultat cherché, nous devons signaler la découverte inattendue faite par M. Page, en 1837, en Amérique et étudiée depuis, notamment par MM. Wertheim, de la Rive et autres. On avait reconnu qu'une tige magnétique soumise à des aimantations et à des désaimantations très rapides pouvait émettre des sons, et que ces sons étaient en rapport avec le nombre des émissions de courants qui les provoquaient.

En 1854, un ancien fonctionnaire de l'administration des télégraphes de France, M. Charles Bourseul, publia une note sur la transmission télégraphique de la parole. Cette idée fut considérée comme un rêve fantastique et M. du Moncel refusa d'y croire. Aussi, en publiant la note de M. Bourseul, la fit-il suivre de commentaires plus que dubitatifs. Sans doute, M. Bourseul ne fournissait aucune indication précise faisant connaître exactement les moyens pratiques de résoudre le problème, mais il n'en est pas moins équitable de reconnaître qu'il fut l'initiateur.

Ce fut en 1876, que M. Graham Bell réalisa l'idée entrevue par M. Bourseul, et, l'année suivante, il produisait à l'Exposition de Philadelphie le premier téléphone parlant.

On se souvient de l'enthousiasme que souleva, en 1877, la première apparition de la téléphonie en France. La nouvelle venue fut acclamée par le monde savant tout entier, le nom de Graham Bell était dans toutes les bouches, et, comme l'a dit spirituellement M. Bourdin, on était à la première page d'un conte de fées!

Des demandes de concession de réseaux téléphoniques, émanant soit des particuliers, soit de sociétés spéciales, furent adressées, en 1879, au ministère des Postes et des Télégraphes.

Il était difficile, à cette époque, d'être éclairé sur cette nouvelle et merveilleuse application de l'électricité, de pouvoir soupçonner la place qu'elle prendrait dans les habitudes de la vie, de calculer enfin la dépense qu'entraînerait l'établissement de réseaux téléphoniques.

Dès lors, l'Administration ne pouvait penser à prendre immédiatement la responsabilité et la charge de pareilles exploitations.

D'un autre côté, elle ne pouvait en priver le public, lui refuser absolument ce qu'elle ne voulait pas elle-même lui donner.

On pensa qu'il fallait, tout en réservant, d'une façon absolue, le monopole de l'État, laisser l'industrie privée faire l'épreuve d'une entreprise dont il n'était pas possible de bien mesurer à l'avance les résultats.

Le Ministre d'alors, M. Cochery, prit donc un arrêté, à la date du 26 juin 1879, déterminant à quelles conditions il ferait la concession de réseaux téléphoniques.

Entre autres conditions, il stipulait que la durée ne devait pas excéder cinq années;

Que dix pour cent du produit brut serait attribué à l'Etat.

La concession n'entraînait aucun abandon du monopole, le Gouvernement restant libre de concéder des réseaux en concurence, ou d'en établir lui-même.

Réseaux de la Société générale des téléphones. — Trois concessions furent sollicitées pour la ville de Paris et accordées. Elles furent réunies plus tard et exploitées par la Compagnie connue sous le nom de Société générale des téléphones, qui sollicita et obtint la concession de nouveaux réseaux à Lyon, Marseille, Bordeaux, Nantes, Lille, le Havre, Rouen, Saint-Pierre-lès-Calais, Alger et Oran.

Ces concessions expirèrent simultanément le 8 septembre 1884

Fig. 62. — Auditeurs entendant à Boston les paroles prononcées en 1876 par M. Bell, pendant sa conférence à Salem, distant de 22 kilomètres de Boston.

et furent renouvelées aux conditions d'un arrêté du 18 juillet 1884, qui avait remplacé celui du 26 juin 1879.

Le 1ᵉʳ octobre suivant, l'État reprit l'exploitation du réseau de Lille et concéda en échange à la Société générale des téléphones l'exploitation d'un réseau à Saint-Étienne, Saint-Chamond et Rive-de-Gier.

Quelques jours après, la Société renonçait à l'exploitation de ces deux derniers réseaux.

EXPLOITATION PAR L'ÉTAT. — Les pouvoirs d'exploitation des onze réseaux concédés à la Société générale expiraient le 8 septembre 1889. Mais huit jours avant cette date, l'État, usant des droits qu'il s'était réservés, jugea utile de reprendre possession de ces différents réseaux, des locaux et du matériel d'exploitation, sous réserve des indemnités dues aux concessionnaires.

Cet acte peut être considéré comme le point de départ des réformes considérables qui ont été réalisées pour vulgariser en France l'usage du téléphone.

Les réseaux téléphoniques se subdivisent en trois catégories : réseaux urbains et leurs annexes, réseaux interurbains et internationaux, et bureaux téléphoniques municipaux.

I. — *Réseaux urbains.* — Jusqu'au 1ᵉʳ septembre 1889, ces réseaux étaient soumis à des régimes différents, suivant qu'ils étaient exploités par l'industrie privée ou par l'État.

Les tarifs étaient respectivement fixés :

1° Par la Société des téléphones, à 600 francs à Paris et à 400 francs dans les autres réseaux, pour les abonnements principaux, tandis que les abonnements supplémentaires étaient uniformément fixés à 200 francs.

2° Par l'État, à 200 francs pour les abonnements principaux

dans les réseaux comprenant moins de 200 abonnés, à 150 francs dans les réseaux comprenant plus de 200 abonnés.

Le tarif d'abonnement était double de l'abonnement normal pour les cercles et établissements publics aussi bien dans les réseaux exploités par l'État que dans les réseaux concédés.

Par contre, tandis qu'il n'existait aucun réseau dans les localités voisines des diverses villes sièges des réseaux concédés et notamment dans la banlieue parisienne, l'État avait, au contraire, prévu l'organisation de réseaux annexes rattachés au réseau principal.

Les tarifs actuels d'abonnement varient suivant que le réseau principal est aérien, ou souterrain, et suivant aussi l'importance du chiffre de la population. Ils ont été fixés à 400 francs pour Paris, à 300 francs pour Lyon, à 200 francs pour les villes comportant plus de 25.000 âmes et à 150 francs dans les villes dont la population n'atteint pas 25.000 âmes.

Ces mêmes tarifs sont appliqués dans les réseaux annexes fonctionnant comme réseaux locaux.

Le nombre des abonnés aux divers réseaux téléphoniques a progressé dans une proportion importante. De 11.440 à la fin de l'année 1889, il est monté à 18.191 au 1er janvier 1892, date de la dernière statistique officielle parue.

D'autre part, le nombre des réseaux urbains exploités par l'État qui, au 31 décembre 1889, était de 40, s'élevait à 112 au 1er janvier 1892. On comptait, au 30 septembre 1892, 135 réseaux avec 20.164 abonnés, au lieu de 11.440 au 31 décembre 1889.

Nous devons une mention spéciale au réseau parisien et à ses réseaux annexes, dont le nombre d'abonnés est passé de 6.255 à la fin de l'année 1889, à 14.000 au 31 décembre 1893, soit une augmentation de 7.745 abonnés.

La Société générale des Téléphones avait rattaché respective-

Fig. 63. — Intérieur d'un bureau téléphonique.

ment ses abonnés à 12 bureaux centraux établis dans les différents quartiers de Paris.

Cette organisation, qui avait été maintenue jusqu'à ces derniers temps, a été reconnue insuffisante pour répondre aux nouveaux besoins. Dans un but de simplification et de rapidité, on a pensé qu'il serait préférable de réduire le nombre des bureaux centraux.

L'Hôtel central des Téléphones qui vient d'être édifié sur la bande de terrain restée disponible entre la rue du Louvre et la rue Jean-Jacques Rousseau, après la construction de l'Hôtel des Postes, a eu précisément pour but de recevoir le plus grand nombre de fils d'abonnés. Il desservira notamment en totalité tous ceux qui ont été reliés jusqu'ici aux trois bureaux de l'avenue de l'Opéra et des rues Étienne Marcel et Lafayette, et partie de ceux qui sont actuellement rattachés aux bureaux de la rue d'Anjou, du boulevard Saint-Germain et de la place de la République.

Les travaux de conduite des fils et d'aménagement intérieur sont naturellement considérables, puisqu'il s'agit d'amener au nouvel hôtel près de 6.000 abonnés parisiens, plus un millier de fils auxiliaires destinés à établir la communication entre les 6.000 abonnés du bureau central et les abonnés reliés aux autres bureaux de Paris. Des commutateurs multiples du système américain sont mis à la disposition des dames téléphonistes qui peuvent ainsi donner directement à chacun des 60 abonnés qu'elles ont chacune à desservir, la communication avec tous les autres abonnés aboutissant au bureau central.

Au premier étage de l'Hôtel de la rue Gutenberg, se trouvent centralisés tout le service interurbain et international, les fils des réseaux annexes et la plus grande partie des fils correspondant avec les cabines installées dans les 105 bureaux télégraphiques de Paris.

Au second étage, sont les abonnés parisiens et les lignes auxiliaires dont nous avons parlé plus haut.

Le troisième étage se compose, comme les deux autres, d'une immense salle que l'on réserve pour les besoins futurs de l'exploitation et qui pourrait permettre de recevoir les fils de 12.000 abonnés nouveaux. Ceci soit dit pour répondre aux critiques mal renseignés qui ont déjà fait allusion à la prétendue insuffisance du nouvel hôtel.

Enfin au 4e étage seront installées les remarquables collections du musée télégraphique qui se trouvent trop à l'étroit dans l'hôtel des télégraphes, rue de Grenelle Saint-Germain.

Ajoutons que l'hôtel de la rue Gutenberg présente, au point de vue architectural, un aspect entièrement nouveau. La grande façade tout en fer fait preuve d'une grande hardiesse; le complément est en briques émaillées, à fond blanc et veinées de vert, ce qui donne à l'ensemble la légèreté et l'éclat des constructions orientales.

L'organisation parisienne se trouvera complétée par l'établissement de trois autres bureaux centraux analogues à celui de la rue Gutenberg et dont l'emplacement est déjà à peu près désigné.

L'un de ces trois bureaux fonctionne même actuellement. C'est celui de l'avenue de Wagram qui a déjà englobé les abonnés de l'ancien bureau de la rue Logelbach et qui doit encore desservir ceux de Passy et partie des abonnés de la rue d'Anjou.

Quant aux deux autres, ils seront installés l'un sur la rive gauche, et le dernier dans le quartier de Belleville.

II. *Réseaux interurbains.* — La première ligne interurbaine, celle de Paris-Reims, a été livrée au service le 25 décembre 1885; quatre ans plus tard, le 31 décembre 1889, il avait été ouvert 11 réseaux interurbains ayant un développement de 1940 kilomètres. Une vive impulsion a été donnée depuis à leur extension, puisque leur nombre était déjà de 162 au 30 septembre 1892 avec un développement de 8.882 kilomètres. Il est aujourd'hui bien plus considérable encore.

Bornons-nous à citer les villes principales qui sont actuellement reliées à Paris : ce sont celles de Lille, Valenciennes, Rouen (2 circuits), le Havre (2 circuits), Reims, Epernay, Châlons-sur-Marne, Amiens, Saint-Quentin, Melun, Troyes, Nancy, Épinal, Dijon,

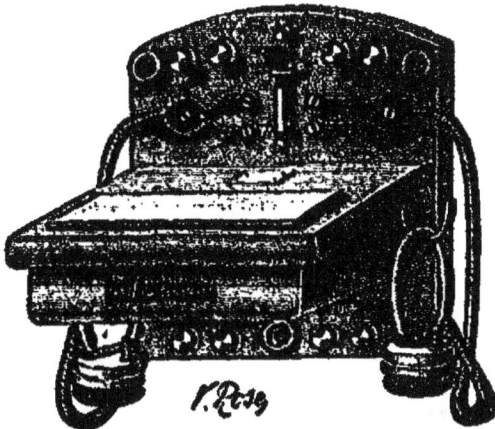

Fig. 64. — Appareil téléphonique système Ader.

Lyon, Marseille, Bordeaux, Nantes, Tours, Orléans, Vichy, Versailles, Limoges, Orléans, Besançon, Grenoble, etc.

Cinq circuits internationaux ont été établis en outre, savoir 3 entre Paris et Bruxelles dont un est réservé à Anvers, et 2 entre Paris et Londres; nous pouvons dire que la correspondance échangée avec ces villes est des plus actives principalement avec Bruxelles, puisqu'elle atteint plus de 300 conversations quotidiennes. Les communications de presse et de bourse sont naturellement de beaucoup les plus nombreuses.

III. *Bureaux téléphoniques municipaux.* — Les petites localités n'ont pas été oubliées; on s'est attaché à les doter d'un régime spécial en créant des bureaux téléphoniques municipaux reliés au bureau télégraphique le plus rapproché. Ils ont été pourvus de cabines téléphoniques publiques et mis en relation directe soit entre eux, soit avec les réseaux voisins.

Les particuliers peuvent y être rattachés par des fils spéciaux, ce qui leur permet de recevoir et de transmettre des télégrammes de leur domicile et de converser par les circuits urbains et interurbains auxquels ils se trouvent reliés.

Applications du téléphone. — Dix années seulement se sont écoulées depuis l'invention du téléphone, et cependant ce merveilleux instrument a pris une telle extension qu'il est aujourd'hui un auxiliaire indispensable dans les grandes administrations publiques, dans la police, dans l'armée, dans la marine, dans les grands établissements industriels. Quelle est donc la cause d'un succès aussi rapide? C'est que, dans un grand nombre de cas, le téléphone présente des avantages considérables sur l'appareil télégraphique. Sa manœuvre n'exige, en effet, aucune science, aucune éducation télégraphique spéciale. On a affirmé qu'il ne pourrait jamais être un rival réellement dangereux pour le service télégraphique, mais il n'en est pas moins vrai que son développement va grandissant de jour en jour. Dès lors, il semble bien difficile d'admettre que la circulation télégraphique n'en puisse être affectée dans une certaine mesure. Le service des messages téléphonés inauguré à Paris en 1890, constitue déjà une redoutable concurrence pour les télégrammes pneumatiques et électriques échangés à l'intérieur de Paris.

Mais revenons aux applications du téléphone.

La plus curieuse de ces applications est assurément celle qui en

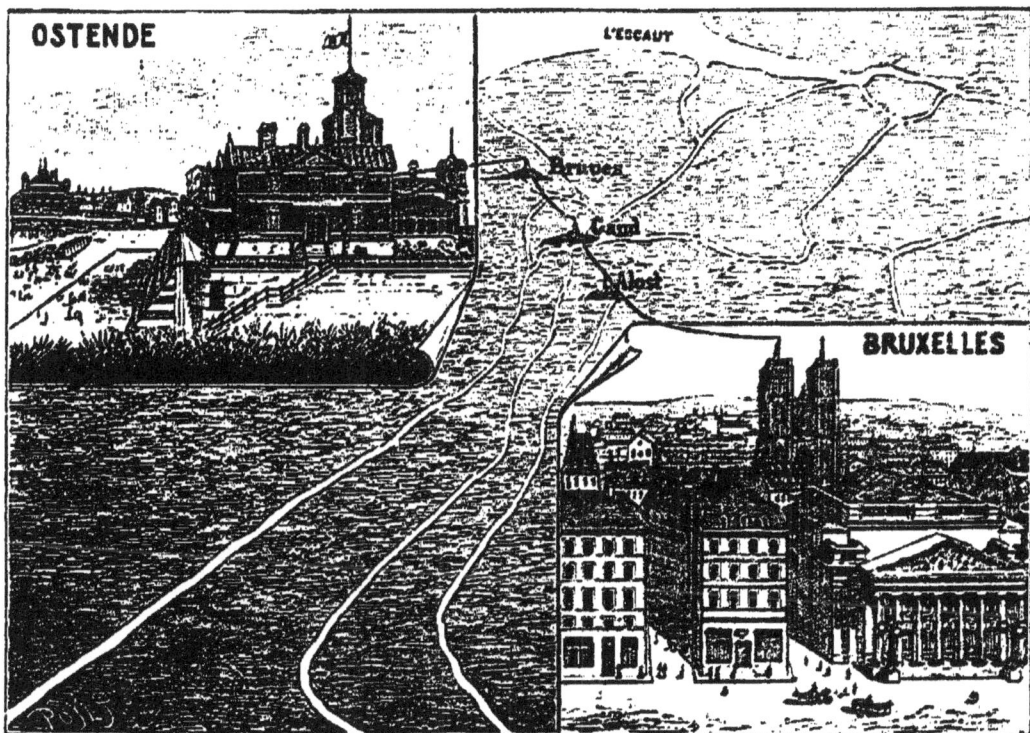

Fig. 65. — Pavillon balnéaire du roi et de la reine des Belges, à Ostende, relié par le téléphone au théâtre royal de la Monnaie, à Bruxelles.

a été faite aux auditions musicales. On se souvient avec quel engouement un public nombreux se pressait à l'Exposition internationale d'électricité de Paris, en 1881, pour entendre les représentations de l'Opéra.

Des expériences analogues ne constituaient pas l'un des moindres attraits de l'Exposition d'Anvers de 1885.

Déjà, en 1884, le roi et la reine des Belges pouvaient entendre téléphoniquement de leur chalet d'Ostende, les représentations du théâtre de la Monnaie de Bruxelles.

Les visiteurs des expositions de Munich, de Vienne, de Paris 1889, de Francfort et de Chicago ont eu aussi à leur disposition des auditions théâtrales qui paraissent décidément être entrées dans nos mœurs. Nous n'en voulons pour preuve que l'organisation à Paris de la Compagnie dite du Théâtrophone qui procure à ses abonnés les auditions téléphoniques de tous les principaux théâtres avec faculté de changer de théâtre à volonté au cours d'une même soirée.

Mentionnons aussi la belle organisation du service des pompiers parisiens dont les casernes sont reliées aux postes de police. Des avertisseurs installés sur la voie publique permettent même aux particuliers de signaler un sinistre au poste de pompiers le plus rapproché.

Les autres applications du téléphone sont innombrables et s'accroissent de jour en jour.

Les Anglais, toujours pratiques, viennent tout récemment de faire du téléphone une application à la fois curieuse et touchante.

On sait que, dans les hôpitaux, il est dangereux de laisser les malades atteints de fièvres et autres affections contagieuses recevoir des visites, les visiteurs qui se sont assis à leur chevet pouvant ensuite servir de véhicule de transmission des germes du fléau.

Il est cruel, d'autre part, de refuser à ces infortunés les consolations des êtres qui leur sont chers, et dont la voix amie pourrait peut-être relever leur courage et empêcher la dépression fatale qu'exercent sur les caractères faibles l'isolement et la terreur.

C'est le téléphone qui se charge de concilier ces termes contradictoires.

Un appareil est installé auprès du lit du malade, qui peut parler et écouter facilement; il s'entretient avec ses amis, qui peuvent même, au besoin, lui faire la lecture sans être obligés de l'approcher.

Nous empruntons enfin au *Journal de la Compagnie transatlantique* les quelques lignes suivantes, où l'on verra quels services la téléphonie peut rendre à la navigation :

Les applications du téléphone prennent chaque jour une nouvelle extension : limité aux grandes villes, il n'a pas tardé à franchir leur enceinte, pour établir des communications à grande distance; on veut aujourd'hui qu'il traverse l'Océan, qu'il mette en rapport les navires mouillés sur rade, avec la terre. Il y a là une application très utile pour les paquebots venant de faire une traversée d'outre-mer, portant de nombreux passagers. Souvent le paquebot mouille sur rade du Havre, au moment où la marée commence à baisser et ne permet pas aux navires l'entrée des bassins. Si le mouillage a lieu la nuit, il faut attendre au lendemain matin, pour que le navire ait sa libre pratique et que les chaloupes à vapeur, si le temps le permet, puissent commencer le débarquement des passagers. Une communication rapide de la terre avec le paquebot, est donc du plus grand intérêt; s'il y a de la brume, les signaux sémaphoriques ne sont pas utilisables; en outre, ils ne sont pas à la disposition du public; le téléphone seul peut donner la solution qui intéresse également la marine de l'État.

La place nous manque pour nous étendre sur les curieuses applications que les Anglais et les Américains ont faites du téléphone, qui leur permet d'entendre de leurs chambres les sermons et les

Fig. 66. — Auditions téléphoniques de l'Opéra, à l'Exposition internationale d'électricité tenue à Paris, en 1881.

concerts, de jouer aux échecs d'une maison à l'autre, de surprendre les secrets des détenus et même de citer des témoins devant la justice, comme le fait s'est produit, il y a quelques années, dans une ville du Missouri!

TÉLÉGRAPHIE MILITAIRE.

Utilité de la télégraphie militaire ; son rôle pendant la guerre de Crimée. — Expédition de Kabylie. — Campagne d'Italie : belle conduite des télégraphistes français et autrichiens ; bulletin de la bataille de Magenta par un télégraphiste autrichien. — Guerre de Sécession aux États-Unis. — La télégraphie militaire en Prusse pendant les guerres contre le Danemark et contre l'Autriche. — Guerre de 1870 : rôle de la télégraphie militaire à Paris et en province ; le câble entre Paris et Rouen. — Services rendus par les missions télégraphiques françaises. — Rôle de la télégraphie militaire allemande en France en 1870-1871.

De tout temps, les armées en campagne ont trouvé dans la télégraphie un précieux auxiliaire. Déjà, chez les peuples de l'antiquité, l'art des signaux avait pour but principal de répondre à des préoccupations d'intérêt militaire, soit pour observer et signaler les mouvements de l'ennemi, soit pour transmettre et recevoir des ordres. De même, comme le lecteur a pu s'en convaincre, le télégraphe de Claude Chappe n'avait été, à son début, qu'un instrument de guerre ; et c'est pour servir à cet usage, qu'il avait été adopté avec enthousiasme par la Convention nationale.

Nous avons indiqué, dans les chapitres précédents, les services militaires rendus par la télégraphie aérienne et montré ainsi que, suivant l'heureuse expression de M. Édouard Gerspach, ces vieilles machines ont aussi leur glorieuse histoire ! Elles avaient déjà puissamment facilité les opérations de la conquête en Algérie, lorsqu'elles eurent, avant de disparaître définitivement, l'occasion de s'illustrer une dernière fois devant Sébastopol.

Guerre de Crimée (1).

Dès que la guerre de Crimée fut décidée, M. de Vougy fut invité par le ministre de la Guerre à mettre à sa disposition un service télégraphique constitué de manière à faire face à toutes les éventualités. Un double matériel de télégraphie électrique et de télégraphie aérienne fut expédié en Turquie, et le 10 juillet 1854, le personnel de la mission débarquait à Varna, sous la conduite de M. Carette, inspecteur.

M. Carette fit construire aussitôt, de Varna, à Baltschik, une ligne aérienne de sept postes, qui fonctionna du 15 août au 15 novembre. Baltschick était le port d'embarquement des troupes destinées à la Crimée; c'est de ce point que partirent les escadres dans les premiers jours de septembre et plus tard les renforts.

Lorsque l'armée assiégeante eut reconnu les difficultés inattendues que présentait le siège de Sébastopol, le service télégraphique fut scindé en deux parties : l'une resta en Turquie pour construire la ligne électrique de Varna à Bucharest, et établir ainsi une communication permanente de l'armée avec le réseau autrichien; la seconde s'embarqua pour la Crimée avec le matériel de la télégraphie aérienne.

Le 29 décembre 1854, le personnel et le matériel débarquaient à Kamiesch, sous la conduite de M. Aubry, inspecteur, qui commença immédiatement les travaux d'établissement. Le plan d'ensemble consistait à relier télégraphiquement au grand quartier

(1) La plupart des renseignements contenus dans ce chapitre sont extraits de *l'Histoire de la télégraphie aérienne*, par M. Gerspach.

général les points stratégiques, les armées, les divisions détachées et les ports d'approvisionnement. Pour atteindre ce but, les télégraphes durent suivre les divisions dans leurs mouvements, de telle sorte qu'à côté de lignes permanentes, il fallut en construire d'autres qui fonctionnèrent pendant un temps très court et qui furent supprimées et rétablies dans une même semaine selon les besoins du service. Cette organisation de télégraphes ambulants fit de la télégraphie en Crimée un service spécial sans précédent même en Afrique, où les lignes, pour être provisoires, n'étaient cependant pas volantes.

De son côté, le gouvernement anglais fit immerger dans la mer Noire un câble qui permit aux armées alliées de se tenir en relation permanente avec la France et l'Angleterre au moyen de la ligne électrique de Varna à Bucharest et du réseau autrichien.

Les télégraphes d'Afrique avaient donné un si excellent résultat au double point de vue de la rapidité de transmission, et surtout de l'installation, que l'administration n'hésita pas à les employer en Orient. M. Carette y apporta une heureuse modification en remplaçant par de la tôle le bois des indicateurs, ce qui les rendit beaucoup plus légers. En moins de vingt minutes, un poste était installé; il était replié presque instantanément; deux mulets suffisaient pour le transport du matériel d'une station avec les objets de rechange et les accessoires.

La vitesse de la transmission était, en télégraphie aérienne, en raison du nombre des postes intermédiaires; en Crimée, la plupart des stations correspondaient directement entre elles, les plus éloignées n'étaient séparées que par trois ou quatre télégraphes; aussi le passage des dépêches se faisait-il avec rapidité. Une dépêche de vingt-cinq mots, par exemple, parvenait en 15 minutes au plus du quartier général aux corps d'armée, en

3o minutes à Kamiesch et à la Tschernaïa, en 25 minutes à la
vallée de Baïdar, en 3o minutes à l'Egry-Adgadj. Pour les mêmes
distances, des ordonnances à cheval mettaient d'une demi-heure
à quatre heures, et pouvaient être exposées au feu de l'ennemi.
La télégraphie laissait disponible ainsi la cavalerie peu nombreuse en Crimée, et faisait gagner aux dépêches un temps considérable.

La conduite du personnel, dirigé pendant toute la campagne

Fig. 67. — Installation d'un poste télégraphique à Kamiesch (Crimée).

par M. Aubry, fut digne des plus grands éloges. Dès leur arrivée
en Crimée, les fonctionnaires et agents de tous grades cam-
pèrent sous la tente, sur un terrain à ce point détrempé par les
pluies, qu'il fut impossible pendant plus de quinze jours d'allumer
du feu pour la préparation des aliments. L'hiver fut excessive-

ment pénible; au mois de novembre 1855 seulement, les stations permanentes furent baraquées.

Le travail était extrême; il n'y avait par poste qu'un seul agent, qui était obligé de rester en observation, l'œil à la lunette, de seize à dix-huit heures par jour.

Pendant dix-huit mois de séjour en Crimée, le personnel de la télégraphie fut exposé aux mêmes dangers et aux mêmes privations que l'armée elle-même. Durant la bataille de Tracktir et le jour de l'assaut de Sébastopol, nos stationnaires étaient à leurs postes et les télégraphes fonctionnèrent sous le feu de l'ennemi; pendant quatre mois, les stations de Malakoff et de Sébastopol restèrent à portée des canons des forts du nord; le poste de Malakoff dut être déplacé, la position n'étant plus tenable (1).

Voici, d'après M. Etenaud, quelques détails sur l'incident de la bataille de Tracktir auquel nous venons de faire allusion plus haut.

Le 15 août 1855, trois stationnaires, MM. Borie, Paulowski et Cochet, étaient chargés, les deux premiers, de la manœuvre du télégraphe aérien, et le troisième de la traduction des dépêches. Le poste était placé à quatre ou cinq cents mètres de la rivière de la Tschernaïa, et non loin de deux ponts sur la route de Simphéropol.

Quoique la bataille eût été engagée sur une ligne très étendue, des masses russes se concentrèrent, à un moment donné, entre ces deux ponts et le combat devint des plus acharnés. Les Russes prirent et perdirent trois fois cette importante position.

Pendant toute la durée de l'action, les trois stationnaires du poste de la Tschernaïa se trouvèrent exposés aux plus sérieux

_____

(1) M. Gerspach, auteur déjà cité.

dangers. Ils n'en continuèrent pas moins à remplir bravement leur devoir, à transmettre et à traduire les nombreuses dépêches du général Herbillon, au milieu d'une grêle de balles qui faisaient rage sur le poste télégraphique. Aussi furent-ils chaudement félicités par le chef d'état-major et par M. Aubry pour le sang-froid, la rapidité et la précision dont ils avaient fait preuve dans l'exécution de leur service.

Qu'on nous permette de laisser maintenant la parole à un témoin oculaire, dont la déclaration ne peut être suspectée, M. le général Thoumas, qui a rendu compte en ces termes du même incident sous ce titre : « La retraite du télégraphe » :

Quoi qu'il en soit, le général d'Allouville fit, dès le soir même du 15, lever le camp de sa division et filer en arrière tous les bagages. Nous dormîmes sur l'herbe dans une rosée plus fraîche que bienfaisante, sous un beau ciel étoilé, et, à la pointe du jour, nous étions à cheval. Nos avant-postes se repliaient devant les Cosaques descendus des hauteurs opposées : les escadrons de dragons et de hussards battaient en retraite par échelons successifs. L'artillerie, couverte par quelques pelotons, avait mis ses pièces en batterie et interrogeait l'horizon, impatiente d'envoyer quelques obus au milieu des groupes de Cosaques qui commençaient à se rapprocher... Une seule tente restait debout, c'était celle des employés du télégraphe, qui, de leur appareil encore dressé, échangeaient des signaux avec le poste correspondant.

On les avait bien avertis de la retraite et on les avait invités à plier bagage, mais comme le poste correspondant répondait toujours à leurs signaux, ils restaient tout à leur affaire, sans nul souci des Cosaques. L'artillerie reçut l'ordre d'aller occuper une position plus en arrière; les pelotons d'avant-garde, devenus arrière-garde, durent remplacer nos pièces sur le plateau. Les employés se décidèrent alors à démonter et à emballer leur appareil, à abattre leurs tentes et à charger leurs mulets, mais sans se presser, en gens qui savaient qu'une cheville perdue pourrait, à la prochaine station, empêcher le télégraphe de fonctionner. Bientôt la ligne la plus avancée de nos cavaliers en retraite arrive à la hauteur et, suivant le mouvement général, finit même par les dépasser sans que le général, placé à l'autre extrémité de la ligne, s'en aperçoive. Eux, sans se troubler, achèvent leur paquetage, à cent pas à peine des éclaireurs cosaques qui, ne voyant pas ce qui se passait de l'autre côté du plateau, furent tenus sans doute en respect par ce groupe d'hommes sans armes, tranquillement occupés de leur besogne. Enfin, quand tout fut bien emballé, ils battirent en retraite à leur tour et nous les vîmes descendre vers nous avec leurs deux mulets, le chef marchant le dernier et tenant horizontalement dans la main gauche son épée enveloppée d'une gaîne de serge verte ficelée avec une canne... Quelques instants après, deux ou trois Cosaques apparurent à la place même où fonctionnait tout à l'heure le télégraphe. La petite bande ne parut pas s'en inquiéter et marcha du même pas vers nous. Ces braves fonctionnaires civils, car à cette époque les télégraphistes n'étaient pas militarisés comme aujourd'hui, semblaient nous dire : « Tout cela ne nous regarde pas; nous sommes ici pour lier conversation à l'aide de nos leviers, de nos cordes et de nos poulies; c'est à vous à nous garantir des coups de lance. » En effet, on envoya à leur rencontre un peloton de cuirassiers, qui les recueillit, et les Cosaques ne s'aventurèrent point à les poursuivre. Je crois bien qu'ils furent grondés pour ne pas avoir plié bagage assez vite, mais personne n'eut l'idée de rire de ce brave homme, ni de son épée enfermée dans une gaine de serge verte, singulière arrière-garde pour une division de cavalerie manœuvrant devant l'ennemi.

Pour ma part, et j'en sais bien d'autres qui en firent autant, j'admirai ce courage modeste, car c'était bien là du courage et du meilleur aloi.

Ce fait ne fut pas, du reste, isolé. Le zèle et le dévouement du personnel tout entier ne se démentirent pas un seul instant. Nous devons mentionner tout spécialement M. Baron, directeur de l'exploitation à l'administration centrale des postes et des télégraphes, actuellement en retraite qui, étant inspecteur attaché à la mission d'Orient, déploya une habileté des plus remarquables pour assurer les communications télégraphiques entre le théâtre des opérations et le réseau autrichien.

Pour terminer ce chapitre, nous citerons une curieuse anecdote concernant la guerre de Crimée. Cette anecdote, extraite du Journal des Goncourt, a été confirmée par une publication émanant de M. Seiffert, directeur de la cour des comptes à Postdam :

8 *novembre*. — « Savez-vous comment on a pris Sébastopol? Vous croyez que c'est Pélissier, n'est-ce pas? » nous dit quelqu'un d'assez bien informé. Et il continue : « Ah! que la vraie histoire n'est jamais l'histoire! Pélissier n'y a été pour rien. On a pris Sébastopol par le ministère des affaires étrangères. »

Il y avait à Saint-Pétersbourg, pendant la guerre, un attaché militaire de Prusse, M. de Munster, très aimé en Russie et qui envoyait au roi Guillaume tous les détails secrets de la campagne, les procès-verbaux des conseils de guerre tenus chez les impératrices. Le roi de Prusse ne communiquait les dépêches de M. de Munster à personne, pas même à son chef de cabinet, M. de Manteuffel. Il ne les communiquait qu'à son mentor intime, M. de Gerlach, un mystique Germain, un conservateur féodal à la de Maistre, plein de mépris pour les parvenus du droit national et outré de la visite de la reine Victoria à Paris.

M. de Manteuffel eut connaissance de cette correspondance secrète. Il la fit intercepter et copier pendant le trajet qu'elle faisait du palais chez M. de Gerlach. Dans ces lettres se trouvaient toutes les révélations possibles sur la défense de Sébastopol. Ainsi on y disait : « Si tel jour on avait attaqué Sébastopol à tel endroit, il était pris. » Et encore : « Il n'y a qu'un point à attaquer (et qu'on désignait), et tout est perdu ; mais, tant que les Français ne l'auront pas trouvé, il n'y a rien à craindre. » Le gouvernement français achetait le voleur qui interceptait la correspondance au profit du ministre, et l'empereur Napoléon avait communication des lettres révélatrices. Il envoyait aussitôt à Pélissier l'ordre de tenter l'assaut sur un endroit qu'il lui indiquait, toutefois sans pouvoir lui mander sur quoi il fondait la certitude de son succès.

Pélissier, ayant en mémoire l'assaut manqué du 18 juillet, se refusa à donner l'assaut demandé par l'empereur. Dépêches sur dépêches. Pélissier, impatienté et qui n'était pas commode, coupe le télégraphe. L'empereur est au moment de partir. Enfin le général Vaillant est envoyé, et les indications de M. de Munster font gagner la Tschernaïa et attaquer Malakoff dans le point juste où il fallait attaquer.

Ces lettres n'ont coûté que 60.000 francs, un morceau de pain.

Expédition de Kabylie.

Lors de l'expédition de Kabylie, en 1857, le général, depuis maréchal Randon, fit appel aux ressources de la télégraphie, qui devint ambulante et suivit la colonne expéditionnaire dans ses évolutions. La communication fut assurée avec Alger au moyen d'une ligne aérienne que l'on improvisa en suivant la marche des troupes, et c'est par cette voie que le commandant en chef put annoncer, le 24 mai 1857, l'occupation du Djurjura.

Campagne d'Italie.

Nous avons montré que la France avait fait en Crimée la première application des moyens modernes de correspondre pour rattacher les armées à leur base d'opération.

Ce fut en 1859, pendant la guerre d'Italie, qu'un service de télégraphie exclusivement électrique fit sa première apparition en Europe, à la suite d'une armée en campagne.

Depuis cette époque déjà éloignée de nous, la télégraphie électrique est devenue un instrument militaire de premier ordre, et le rôle qu'elle est appelée à remplir en temps de guerre ira grandissant de plus en plus au fur et à mesure de l'accroissement des armées.

Après avoir formulé cette pensée, un homme dont on ne peut nier la compétence, le général de Chauvin, ancien directeur général des télégraphes d'Allemagne, ajoutait :

« Il ne saurait en être autrement, car la télégraphie électrique peut, à tout instant, transmettre rapidement et jusque sous le feu de l'ennemi, les nouvelles qui ont tant de valeur pour le commandement et avec beaucoup plus de sûreté que les aides de camp ou ordonnances. Toutes les mesures stratégiques prises par le commandement en chef pour préparer les batailles, quelle que soit d'ailleurs l'étendue des territoires où se font les mouvements de troupes, sont facilitées d'une manière inconnue jusque-là, par la rapidité du service de la télégraphie électrique.

« Même pendant le combat, elle vient encore en aide aux géné-

raux en entretenant les relations entre les différents commandements par la transmission rapide des ordres et des avis; elle
contribue également dans une large mesure à la réalisation des
concentrations militaires. En un mot, elle permet d'arriver à
l'unité d'action dans l'exécution des projets stratégiques préparés
de longue main, et cela dans toutes les phases et toutes les situa-
tions du combat, aussi bien qu'après la fin de la bataille, lorsqu'il
s'agit de poursuivre les vaincus ou de couvrir sa propre retraite (1). »

Ces réflexions sont profondément justes, aujourd'hui surtout
que toutes les armées européennes sont pourvues d'un corps spécial de télégraphie militaire. Il n'en était pas de même en 1859.
La mission télégraphique française chargée d'opérer en Italie fut
exclusivement recrutée dans le personnel de l'administration civile; elle rendit les plus grands services pendant toute la campagne,
en maintenant les communications entre Paris et le grand quartier
général de l'empereur qui ne cessa de rester lui-même en relation avec les places de Turin, d'Alexandrie et de Gênes qui
servaient de bases d'opération aux armées alliées. Quant aux
corps d'armée, ils demeurèrent constamment reliés entre eux,
malgré la rapidité de leurs mouvements.

Ces différents travaux furent exécutés avec une ponctualité, une
précision et une célérité remarquables. C'est ainsi que dès le 1ᵉʳ juin
1859, c'est-à-dire le lendemain même de la bataille de Palestro, le
bureau de Novare était installé et transmettait les dépêches de
l'empereur qui venait d'arriver avec les premières colonnes.

La marche des télégraphistes avait été tellement rapide que l'un

(1) *Organisation de la télégraphie en Allemagne pour le service des armées,* par
de Chauvin, général-major en retraite et ancien directeur général des télégraphes de
l'empire d'Allemagne; Berlin, 1884.

des chefs chargés de la construction de la ligne de Novare, précédant les troupes françaises massées sur la route, entrait dans cette ville au moment même où les Autrichiens la quittaient précipitamment par une autre porte. Conduit à l'hôtel de ville par une foule qui n'osait pas encore se livrer à la joie, il trouva le conseil municipal occupé à délibérer sur les moyens de satisfaire à une demande de 30,000 rations de vivres, faite le matin même par le général autrichien!

Le prolongement de la ligne de Novare jusqu'à Turbigo fut ordonné le 3 à la pointe du jour : dans l'après-midi, ces 16 kilomètres étaient franchis, et un bureau placé au pont de Turbigo faisait communiquer avec le quartier général de l'empereur le corps Mac-Mahon, renforcé d'une partie de la garde impériale.

Le 4 juin, la sanglante victoire de Magenta nous livrait la Lombardie. La ligne de Novare à Magenta et à Milan, commencée le 3, était terminée le 6 jusqu'à Magenta, et le lendemain matin le bureau télégraphique de Milan était installé dans le local même qui avait servi aux télégraphistes autrichiens.

Ces derniers avaient emporté leurs appareils, mais les bandes Morse n'avaient pas été détruites et on put y lire des bulletins militaires qui avaient été rédigés et transmis à Milan par M. Haschka, directeur du service télégraphique autrichien à Magenta, pendant l'attaque du village : ces bulletins étaient envoyés à l'empereur d'Autriche, à Vérone.

Les quelques dépêches suivantes, écrites sous l'émotion d'un combat acharné qui se livrait à côté même de la gare de Magenta, témoignent d'un mâle courage et d'une énergie remarquable auxquels on ne saurait trop rendre hommage :

Traduction.

« Magenta, 4 juin, à 4 heures du soir. — Tout fuit en désordre, nous partons, nos troupes s'éloignent, tout passe par ici, nous avons beaucoup de blessés et de tués, l'ennemi est à cent pas d'ici, je dois sauver ma vie.

« 4 h. 5 m. — Galetta et moi tenons ferme, je reste jusqu'au dernier moment, tout fuit, le feu est terrible. Je suis seul ici, Haschka et Gotzel cachent nos appareils.

« 4 h. 20 m. — Je panse maintenant des blessés; à côté de nous se trouve une ambulance. On vient d'annoncer que tout va bien. Vivat!

« 4 h. 25 m. — Annoncez, je vous prie, à Vérone, que le régiment Hardman s'est précipité sur l'ennemi et l'a repoussé.

« 4 h. 35 m. — Quoique le combat ait lieu à peine à trois cents pas de la gare et que le feu soit vif, les officiers d'ordonnance disent que le combat nous est favorable. Galetta et moi nous pansons, à côté, des blessés. Annoncez-le à Sa Majesté.

« Nos chasseurs sont placés devant nos fenêtres, dans les fossés, c'est superbe! Un tonnerre de coups de canon et de fusillade! Pour nous, nous sommes au milieu des blessés qui gémissent.

« 4 h. 45 m. — Dernier moment! J'entends le commandement : Fuyez de ce côté.

« 4 h. 50 m. — On se retire sous une grêle de balles. Le capitaine Knad, du génie, dit : « Annoncez à Sa Majesté que Magenta « n'est pas encore pris par les Français; on comprendra. »

« Mes employés sont tous en fuite. J'ai sauvé ce que j'ai pu. Je suis forcé de laisser un appareil complet si je pars avec la division.

« Transmettez littéralement cet adieu à Vérone : Adieu.

« 4 h. 55 m. — L'ennemi est devant la porte. Si dans cinq minutes point de signal, je reviendrai...

« Me voici. La situation est améliorée... Le commandant me donne l'ordre de préparer un convoi pour les blessés.

« 5 h. 3o m. — Je soulage les mourants avec de l'eau. On vient m'apporter de bonnes nouvelles, nos troupes avancent, j'ai suivi les colonnes assaillantes. Nous avons pris un canon rayé et des zouaves et lanciers en masse. Maréchal Hess ici. Ainsi bonne nouvelle et allégresse! Nos soldats combattent comme des lions, et se précipitent de façon à réjouir un cœur allemand.

« 5 h. 45 m. — Nos pièces viennent de se placer dans la gare et font feu; c'est grave maintenant.

« J'ai eu tort de dire que Galetta a fui par crainte; il a été entraîné par la cavalerie. Je me trouve plus à mon aise... »

Ici se terminait la série des bulletins télégraphiques de la journée de Magenta, dans laquelle nos troupes se couvrirent de gloire. Mais, nous le répétons, on ne saurait, en lisant ces bulletins, se défendre d'un sentiment d'admiration pour tant de courage et d'énergie unis à un si ardent patriotisme (1)!

Pendant toute la campagne d'Italie, la mission télégraphique française ne recula ni devant les fatigues ni devant le danger, et son chef, M. Clément Lair, inspecteur général, pouvait être fier des remarquables résultats qu'il avait obtenus avec l'aide du vaillant personnel placé sous ses ordres. Ces résultats ont été exposés dans ces quelques lignes du baron de Bezancourt :

« De Vercelli à Valeggio, du 31 mai au 6 juillet, jour de la signature de l'armistice, il a été réparé ou construit plus de 400

(1) L'auteur de ce trait de courage fut décoré par l'empereur d'Autriche, en récompense de sa belle conduite.

kilomètres de lignes télégraphiques, et ouvert 35 bureaux, qui
ont toujours, sauf quelques courtes interruptions, assuré à l'empereur ainsi qu'à son quartier général leurs communications avec
la France, souvent même avec les maréchaux commandant les
corps d'armée, et qui ont fait, en même temps, le service des
dépêches du roi de Sardaigne et de son quartier général (1). »

La campagne d'Italie permit de constater certaines imperfections dans l'organisation de notre service télégraphique, mais on
ne fit aucune tentative sérieuse pour y remédier.

AMÉRIQUE. — *Guerre de sécession* (1861-1865).

En 1861, la guerre de sécession qui éclata en Amérique donna
à la télégraphie militaire l'occasion de déployer ses ressources.
Nous avons trouvé à cet égard des renseignements très précis et
pleins d'intérêt dans un ouvrage publié en 1883 par M. Plum,
avocat à Chicago, sous le titre : *Les télégraphistes militaires
pendant la guerre civile aux États-Unis*. Ce qui augmente
l'attrait du livre, c'est que l'auteur, M. Blum, a été lui-même
témoin oculaire des faits qu'il rapporte, et qu'il a pris part à la
grande guerre en qualité de télégraphiste militaire *fédéré*.

Au début des opérations, la télégraphie militaire des Fédérés
comprenait deux corps distincts, l'un purement militaire existant
déjà avant la campagne et appelé « corps météorologique », l'autre
exclusivement composé d'employés des télégraphes.

Au cours de la lutte, et après deux ans de campagne, le 10 novembre 1863, le corps militaire fut dissous et ses hommes, ses
officiers, son matériel furent versés au service civil, seul chargé

---

(1) *Histoire de la campagne d'Italie*, 2e vol., p. 5o5.

Fig. 68. — Belle conduite d'un télégraphiste autrichien. (Épisode de la bataille de Magenta).

d'assurer désormais le fonctionnement de la télégraphie militaire.

La décision du ministre de la guerre était basée sur ce que, « malgré son organisation purement militaire, ce corps ne valait pas l'autre, composé entièrement de civils, mais connaissant le métier, dont ils avaient fait une étude spéciale. »

Les services rendus dans cette longue et rude campagne par la télégraphie militaire furent consignés dans un rapport que le colonel Stager adressa, le 30 juin 1863, au général Meigs :

« Tout autour des camps, disait le colonel Stager, s'exerçait la vigilance des télégraphistes. Auprès des sentinelles, aux parallèles avancées, à toute heure du jour et de la nuit, on pouvait percevoir le bruit de leurs appareils. Au fort de la bataille, au milieu des boulets glissaient comme des ombres silencieuses et invisibles les télégraphistes sans armes. »

L'organisation de la télégraphie militaire des *Confédérés* était la même que celle de la télégraphie dans le Nord.

La tâche de la télégraphie militaire grandit surtout à partir du moment où le commandement en chef fut confié au général Grant.

Dans les quatre années que dura la guerre, 24.150 kilomètres furent construits, beaucoup sous la mitraille, 25 télégraphistes furent tués, 71 furent faits prisonniers, et un grand nombre moururent des suites de la guerre. Le coût de la construction des lignes s'éleva à 2.655.600 dollars et le nombre des télégrammes transmis fut de 6.500.000.

Pendant cette guerre, on se servit aussi d'engins scientifiques nouveaux tels que les torpilles, les bateaux sous-marins et les ballons.

LA TÉLÉGRAPHIE MILITAIRE EN PRUSSE.

Guerre contre le Danemark et contre l'Autriche.

La Prusse, qui s'était montrée particulièrement attentive à cette remarquable évolution de la guerre vers les sciences, eut l'occasion d'expérimenter l'organisation de son service télégraphique, lorsqu'en 1864, elle envahit brutalement le Danemark de concert avec l'Autriche. D'après M. de Chauvin (1), la section n° 1 de télégraphie prussienne était arrivée sur le théâtre des opérations, précédée de peu par la télégraphie militaire autrichienne. Toutes deux servirent avec le plus grand succès aux manœuvres de tactique; suivant les mouvements des troupes, elles étaient en communication entre elles par l'intermédiaire des stations de l'État les plus voisines et restèrent constamment reliées avec le quartier général et toutes les stations de Prusse et d'Autriche.

C'est ainsi que l'assaut du retranchement de Duppel put être annoncé dix minutes après au roi de Prusse et que l'empereur d'Autriche put apprendre dans le même délai la prise de Fredericia.

Cette campagne révéla quelques imperfections; elle fit sentir notamment la nécessité absolue de relier d'une façon plus intime la télégraphie militaire avec la télégraphie de l'État et de créer un corps intermédiaire. Ce corps, institué sous la forme d'inspections de télégraphie de campagne, fut expérimenté en 1866 pendant la guerre contre l'Autriche, et il reçut après Sadowa le nom de *télégraphie d'étapes.*

(1) Auteur déjà cité.

GUERRE FRANCO-ALLEMANDE DE 1870-1871.

Tandis que la Prusse, profitant de cette double expérience, était parvenue à constituer un service télégraphique parfaitement organisé et capable de jouer un rôle des plus importants sur le champ de bataille, la France, au contraire, confiante dans sa force, s'était endormie sur ses lauriers d'Italie et n'avait même pas songé à créer un corps spécial de télégraphie militaire! En 1868, une commission nommée par le maréchal Niel avait bien été chargée d'étudier l'organisation du service télégraphique militaire et de déterminer le matériel à adopter; mais après quelques expériences faites au camp de Châlons, on avait simplement décidé la formation d'une brigade comprenant quatre sections télégraphiques.

Et cependant, au moment où éclata la guerre de 1870, l'armée française ne comptait d'autres troupes télégraphiques qu'une compagnie du 1er régiment du génie.

Aussi, comme l'a dit M. Max de Nansouty, ce fut un étonnement chèrement payé pour notre malheureux pays, que de voir l'armée des envahisseurs précédée, accompagnée et suivie de brigades télégraphiques déjà exercées, abrégeant la transmission des ordres, produisant des mouvements de concentration, d'avancement ou de retraite d'autant plus dangereux qu'ils étaient plus imprévus et mieux combinés. C'est bien un simple fil télégraphique, ajoute notre auteur, qui servit en grande partie à réduire Paris et tant d'autres de nos places fortes!

On se borna, dès le début de la campagne, à adjoindre à l'armée du Rhin la compagnie de télégraphistes créée par le génie militaire, qui fut bien vite reconnue tout à fait insuffisante, avant même le commencement des hostilités. Un détachement de télégraphistes civils équipés à la hâte fut envoyé au grand état-major général. Mais ce fut surtout pendant le siège de Metz et pendant les combats livrés autour de cette place, que les télégraphistes surent déployer leur habileté professionnelle et leurs qualités militaires.

Avec le gouvernement de la Défense nationale, nous allons voir grandir le rôle de la télégraphie, qui va concourir d'une façon plus intime aux opérations militaires.

Dès le 4 septembre, M. Steenackers, député de la Haute-Marne, est placé à la tête de l'administration des télégraphes. Ce ne fut que fort tard dans la nuit du 4 au 5 septembre que le ministre de l'Intérieur, Gambetta, apporta à M. Steenackers sa nomination officielle, avec invitation d'aller prendre immédiatement possession de son poste. A minuit et demi, le nouveau directeur général réveillait M. de Vougy, à qui il notifiait son remplacement, et se mettait au travail avec son chef de cabinet, M. Le Goff. Il s'occupait, le lendemain, des travaux urgents nécessaires pour concourir à la défense de la capitale, qui allait être bloquée par l'ennemi. Ici nous laissons la parole à M. Steenackers :

« Le plus important et le plus pressé de ces travaux fut celui qui avait pour objet de relier les forts et les ouvrages avancés avec les murs d'enceinte par des fils souterrains, et puis tous les bastions de l'enceinte entre eux et chacun d'eux isolément avec l'administration centrale. Cela se fit avec une rapidité qui tient du prodige. Je puis le dire hautement, n'ayant que le mérite du spectateur qui approuve et applaudit.

« Nous eûmes ensuite affaire au général Trochu. Il me fit demander si je ne pourrais pas le mettre en communication du Louvre, où était sa résidence, avec tous les ouvrages militaires et d'une façon qui fût tout à fait indépendante.

« La chose était faisable et se fit aussitôt. Le général eut dans son cabinet même un jeu de boutons télégraphiques qui lui permettait de connaître presque instantanément ce qui se passait dans tel ou tel fort, sur tel ou tel bastion, sur tous les points, en un mot, du vaste périmètre de l'enceinte.

« Un autre travail aussi considérable, et qui devait survivre aux circonstances, ce fut celui qui se pratiqua dans l'intérieur de la ville et relia entre eux tous les postes de sapeurs-pompiers. Les fils furent placés dans les égouts.

« Nous eûmes ensuite à nous occuper d'un projet qui paraissait être capital, bien qu'il n'eût pas toutes les chances de succès désirables : je veux parler du câble de la Seine destiné à faire communiquer Paris assiégé avec la province.

« Ce câble avait été acheté en Angleterre par les soins de M. de Vougy, et avant mon arrivée dans l'administration. Immergé à Paris, il devait aboutir à Mantes et même à Rouen. M. Richard, un des inspecteurs les plus distingués des lignes télégraphiques, secondé par MM. les inspecteurs Lagarde et Raynaud fut chargé de cet important travail, qu'il réussit à mener à bonne fin, non sans effort, sans péril même, et en prenant mille précautions pour dissimuler les opérations et les envelopper des voiles les plus épais du secret. Malheureusement l'idée était si simple, s'offrait si aisément à l'esprit, qu'il était bien difficile de ne pas craindre que l'on ne se donnât beaucoup de mal pour rien. Les Prussiens, en effet, dès qu'ils furent maîtres des bords de la Seine, s'empressèrent de draguer le fleuve et, le 24 septembre, les communications de Paris avec Tours étaient interrompues. Le câble n'avait été utilisé que quelques jours. » (*Les Télégraphes et les Postes pendant la guerre de* 1870-1871, par M. Steenackers.)

Dans un livre publié il y a quelques années, sous ce titre :

Notes pour servir à l'histoire de la guerre de 1870, un homme politique bien placé pour être exactement renseigné sur les faits se rattachant à cette douloureuse époque, M. Alfred Darimon, ancien député, a consacré un chapitre des plus intéressants au câble immergé entre Paris et Rouen. L'auteur reproduit une lettre qu'il adressait le 30 août 1870, à M. Jérôme David, ministre des travaux publics, pour lui exposer l'intérêt que présenterait l'établissement de ce câble dans le cas où l'ennemi, s'approchant de Paris, couperait toutes les communications de la capitale avec le reste de la France et paralyserait ainsi l'action du gouvernement sur les départements envahis.

Le passage le plus curieux de ce chapitre est relatif à la découverte et à la destruction du câble par l'ennemi.

D'après un récit emprunté aux journaux du 10 mars 1871, Paris put communiquer avec le reste de la France par ce câble dès le 15 septembre; mais, le 25 du même mois, deux individus d'un village riverain dénoncèrent le fait aux Prussiens. Un officier fit saisir le chef éclusier de Bougival et le somma de lui indiquer en quel endroit le fil électrique traversait le talus de l'écluse. Mais celui-ci s'y refusa. On le menaça de le fusiller; il fut roué de coups, mais on n'obtint rien de lui.

Ce ne fut qu'à Saint-Germain qu'on découvrit le fil, après de longues recherches. Sa pesanteur l'avait, en effet, déjà envasé profondément.

On remonta jusqu'à l'écluse, et l'on vit alors que le fil communiquait avec l'autre bras par une tranchée recouverte soigneusement de gazon, qui traversait l'île de la Loge.

Sans la dénonciation de deux misérables, Paris aurait été, pendant le siège, en communication avec la France; les traîtres, après la guerre, furent poursuivis; l'un d'eux, nommé Dagomet,

Fig. 69. — Télégraphie militaire pendant la guerre franco-allemande de 1870-1871.

fut renvoyé un an après, au mois de février 1872, devant la cour d'assises de Seine-et-Oise, qui le condamna à une peine insignifiante.

Nous venons d'indiquer sommairement l'œuvre réalisée en quelques jours par M. Steenackers, qui, dans la nuit du 13 septembre, quittait Paris pour se rendre à Tours, siège de la délégation. Pendant son absence, il fut remplacé à Paris par M. Mercadier.

Pendant la seconde période de la guerre, c'est-à-dire à partir du 4 septembre, le service de la télégraphie militaire fut entièrement confié au personnel de l'administration des télégraphes.

A Paris, on organisa une mission divisée en trois brigades, et, dans tous les forts et dans toutes les redoutes, des employés furent chargés non seulement de manipuler les appareils, mais encore d'observer et de signaler les mouvements de l'armée assiégeante.

En province, le gouvernement de la Défense nationale décréta le 2 novembre 1870, qu'un service télégraphique serait attaché à chaque corps d'armée, avec mission d'établir les communications entre le quartier général et la ligne permanente la plus voisine, puis entre le quartier général et ses divisions. Ce service devait se composer d'une direction centrale et d'autant de sections qu'il y avait de divisions, munies chacune d'un équipage avec appareils de transmission, et du personnel nécessaire (1).

Rappelons aussi que M. Steenackers prit l'heureuse initiative de créer, aussitôt après l'investissement de Paris et le plus près possible de l'ennemi, des postes télégraphiques d'observation, qui, se repliant au dernier moment et se réinstallant au premier avis d'une marche rétrograde, ont pu fournir des renseignements utiles sur les forces et les mouvements de nos adversaires. Un grand

(1) *Organisation de la télégraphie militaire dans les armées européennes*, par M. J. Bertrand (*La Lumière électrique*, numéro du 22 août 1885).

nombre de ces courageux fonctionnaires poussèrent même la hardiesse jusqu'à franchir les lignes ennemies et à exercer leur surveillance au milieu des armées allemandes.

Comme nous l'avons dit plus haut, des missions télégraphiques furent attachées à chacune des différentes armées au fur et à mesure de leur création, savoir : à l'armée des Vosges, à l'armée de Garibaldi, à l'armée de la Loire, à l'armée du Nord, à la deuxième armée de la Loire et à l'armée de l'Est. Deux brigades de télégraphie optique furent également adjointes, l'une à l'armée du général Chanzy, l'autre à l'armée du général Bourbaki.

Nous pouvons le dire à l'honneur de la télégraphie française, les télégraphistes de 1870-1871 furent dignes de leurs aînés de Crimée et d'Italie, et leur chef, M. Steenackers, bien placé pour les juger, ne leur a pas ménagé ses éloges. Nous lisons, en effet, dans son ouvrage, *Les Télégraphes et les Postes pendant la guerre de 1870-1871* :

« Pour moi, je ne suis guère qu'un écho dans l'éloge à faire des chefs des missions télégraphiques et de leurs subordonnés. Les généraux ont été unanimes à leur rendre justice. En dehors même de ce qui regarde les services spéciaux qu'ils rendaient, ils eurent toujours une attitude qui fut remarquée partout où ils furent envoyés, sans cesse aux premiers rangs, faisant avec le plus grand sang-froid leur difficile et périlleux service, payant bravement de leur personne toutes les fois que cela était nécessaire, sans hésiter jamais, sans marchander, comme le soldat qui a le souci de son honneur et le sentiment de son devoir.

. . . .

« Rien ne me serait plus agréable, je l'avoue, dit aussi M. Steenackers, que de reproduire l'éloge que me faisaient des missions de télégraphie militaire les généraux Faidherbe, Chanzy, Martin

des Pallières, Billot, Borel, Bourbaki et Bordone; mais il faut se
borner. La commission d'enquête, bien qu'elle ne fût guère portée
à l'admiration ni pour les hommes ni pour les choses qui, de loin
ou de près, avaient trait à la défense en province, écouta elle-
même avec faveur les louanges que le général d'Aurelles de
Paladine donnait devant elle et devant moi à mes collaborateurs,

Fig. 70. — Télégraphe militaire Trouvé, expérimenté pendant le siège de Paris.

et ces louanges, je les entends aujourd'hui encore retentir à mes
oreilles. »

M. de Freycinet a dit aussi avec sa haute compétence :

« Ces mouvements furent exécutés avec une précision remarquable, grâce à la sûreté des communications télégraphiques, qui
n'ont pas cessé de fonctionner jusque sous le feu de l'ennemi. Je
saisis cette occasion de signaler les services inappréciables rendus
aux armées, pendant le cours de la campagne, par le personnel
des télégraphes et son habile chef, M. Steenackers, qui avait

organisé des missions militaires. Plusieurs agents ont montré un courage et un sang-froid au-dessus de tout éloge (1). »

Nous avons parlé dans un autre ouvrage (*Les Postes françaises*), des tentatives faites pour établir des communications entre Paris assiégé et la délégation de Tours et de Bordeaux, au moyen des ballons et des pigeons voyageurs. Nous ne reviendrons donc pas sur cette question.

Il nous reste à parler des projets faits par M. Steenackers pour établir des communications télégraphiques entre différents points du littoral, au moyen de câbles placés le long des côtes.

A mesure que l'invasion s'était étendue vers l'Ouest, les communications étaient devenues de plus en plus difficiles entre le nord et le sud de la France; au mois d'octobre, après l'occupation d'Orléans, les dépêches devaient faire un très long détour.

C'est pour remédier à cet inconvénient, que M. Steenackers conçut le plan de relier Dunkerque avec Cherbourg, Cherbourg avec Saint-Brieuc, puis de gagner Quiberon par terre; un autre câble, dont l'extrémité eût été placée à Quiberon, eût permis d'atteindre Belle-Ile, qui eût été reliée de la même manière; on songea même, après la seconde occupation d'Orléans, dans les premiers jours de décembre, à relier directement Cherbourg et Brest, Brest et Bordeaux. Le matériel nécessaire à l'établissement de ses communications par mer fut acheté en Angleterre, mais un seul câble fut posé, celui de Dunkerque à Cherbourg, et encore fut-il brisé par les pêcheurs de la Manche. Le temps manqua pour poser les autres, qui ont été plus tard utilisés pour les communications entre la France et l'Algérie.

La télégraphie militaire allemande pendant la guerre de

(1) M. Ch. de Freycinet, *La Guerre en province pendant le siège de Paris* 1870-71.

1870-1871. — Après avoir esquissé le rôle joué par M. Steenackers pendant cette période, il nous a semblé qu'il ne serait peut-être pas sans intérêt d'esquisser en quelques mots l'organisation de la télégraphie militaire de l'armée allemande, au cours de cette campagne si désastreuse pour nos armes.

Dès le début de la guerre, la Prusse mobilisa cinq sections de télégraphie de campagne et trois sections de télégraphie d'étape; les premières étaient chargées de relier les quartiers généraux des armées avec leurs corps; les secondes avaient pour mission de mettre ces mêmes quartiers généraux en communication avec le réseau fixe situé en arrière. La télégraphie de l'État, qui avait fourni les employés nécessaires aux formations de campagne, était chargée de consolider les lignes des télégraphes d'étape et de les exploiter en permanence.

Afin d'arriver à une coordination complète et uniforme de ces divers organes, le directeur général de la télégraphie d'État, le général-major de Chauvin, était représenté au grand quartier général par le chef de la télégraphie militaire, le colonel Meydam, avec lequel il resta en communication constante.

La Bavière et le Wurtemberg avaient également formé chacun une section de télégraphie de campagne.

Deux nouvelles sections de télégraphie de campagne et de télégraphie d'étape furent envoyées au mois d'octobre sur le théâtre des opérations; en même temps, pour alléger le service télégraphique d'État, trois directions de télégraphie de campagne furent créées à Nancy, à Epernay et à Lagny.

A la fin de la guerre, les lignes de la télégraphie militaire allemande atteignaient une longueur de 10.830 kilomètres (1) et com-

(1) Dont 8.252 kilomètres de lignes françaises rétablies, 798 kilomètres de lignes provisoires et 1.780 kilomètres de lignes de campagne.

prenaient 407 stations : la télégraphie d'État exploitait 12,500 kilomètres de fils et 118 stations.

Le réseau télégraphique allemand en France, outre les lignes
principales se dirigeant sur Paris et autour de cette ville, s'étendait, en février 1871, vers le nord jusqu'à Saint-Quentin, Amiens
Rouen et Dieppe; à l'ouest jusqu'à Alençon, le Mans, Tours; au
sud jusqu'à Orléans, Gien; à l'est jusqu'à Auxerre, Dijon, Mont-
bard, Beaune, Dôle, Poligny, Beaume-les-Dames, Montbéliard
et Delle. Paris était entouré d'un circuit de 150 kilomètres de
lignes télégraphiques. Ces lignes, au nombre de deux, se compo-
saient chacune de 4 fils aériens placés hors de portée des pro-
jectiles français et desservant 24 postes.

Aussi, en présence de ces résultats considérables, le grand état-
major prussien décernait-il les plus grands éloges à la télégraphie
militaire allemande, qui avait joué un rôle si important. Enfin,
si nous en croyons M. de Chauvin, l'empereur d'Allemagne aurait
déclaré au maréchal de Moltke que sans le télégraphe il n'eût pas
été possible de faire le siège de Paris ni de maintenir aussi longtemps le siège de Metz.

Pendant tout le siège de Paris contre la Commune, les missions
télégraphiques de province et de Paris réunies assurèrent des
communications constantes entre les divers corps qui opérèrent.
Elles les relièrent également d'un côté à Versailles et de l'autre
aux emplacements importants et même aux batteries les plus
avancées.

Après la guerre franco-allemande, les principaux États de
l'Europe sentirent la nécessité de réorganiser leur service de
télégraphie militaire ou de constituer un corps spécial.

Cette terrible leçon n'a pas été perdue pour la France.

LA TÉLÉGRAPHIE MILITAIRE

EN FRANCE

DEPUIS LA GUERRE DE 1870-1871.

Organisation de la télégraphie militaire. — Matériel. — Appareils électriques. — Télégraphie optique. —Téléphonie. — Signaleurs, aérostats, pigeons voyageurs, vélocipédistes.

Organisation. — Dès l'année 1871, une Commission fut instituée par le ministre de la guerre pour étudier la réorganisation du service télégraphique militaire : son rapport, déposé à la fin de l'année 1874, concluait à ce que ce service fût confié à l'administration civile. Nous lisons dans ce rapport les lignes qui suivent :

« Les éclatants services rendus par les missions télégraphiques de l'armée d'Italie en 1859, des armées de Metz, de la Loire et de l'Est en 1870-1871, l'énergique attitude des employés, qui, pendant les deux sièges de Paris ont toujours suivi pas à pas les mouvements de nos soldats, sont, aux yeux de la Commission, une garantie certaine de ce que le personnel habile et dévoué de l'administration des télégraphes, saura faire un jour pour la France et ses armées. »

Actuellement le service de la télégraphie militaire est placé sous les ordres directs des chefs d'état-major des armées ou des corps d'armée et divisions opérant seuls, et comprend sur le pied de guerre :

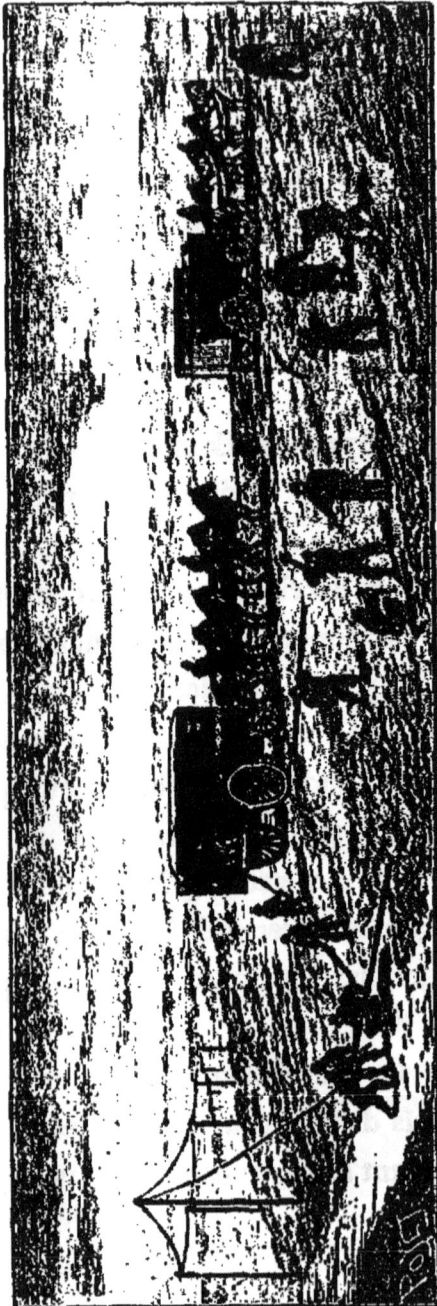

Fig. 71. — Expériences de télégraphie militaire.

I. *Des sections de première ligne* ayant pour mission d'assurer les communications du quartier général de l'armée avec les quartiers généraux de corps d'armée et, suivant le cas, avec le réseau de 2ᵉ ligne et le service du territoire.

II. *Des sections d'étapes et de chemin de fer* constituant le service de 2ᵉ ligne et chargées :

1ᵒ De relier le réseau du service de première ligne avec celui du territoire; 2ᵒ de desservir dans les pays occupés, les lignes d'étapes et tous les postes situés en arrière de l'armée; d'assurer les communications télégraphiques de chemin de fer de campagne; 4ᵒ d'exécuter, en général, en arrière de l'armée, les opérations télégraphiques qui seraient prescrites par le commandement.

III. *Des sections de forteresses* chargées d'assurer par des appareils électriques et optiques les communications des places fortes avec l'intérieur du pays, avec les autres places ou forts qui l'avoisinent et avec les ouvrages avancés qui l'entourent.

IV. *Des parcs télégraphiques* renfermant le matériel de ligne et de poste nécessaire.

V. *Des directions de télégraphie militaire.*

VI. Et, éventuellement, une *direction de télégraphie militaire* instituée au grand quartier général lorsque plusieurs armées opèrent sous les ordres d'un même général en chef.

En outre, dans les régions déclarées en état de siège ou comprises dans la zone des opérations de l'armée, le service télégraphique continue à être assuré à l'aide des ressources de la direction générale des postes et des télégraphes; toutefois, en cas de nécessité reconnue, des auxiliaires militaires peuvent être adjoints au

Fig. 27. — Expériences de télégraphie militaire.

personnel civil, qui est mis sur le pied de guerre et constitue la réserve des services mobilisés.

Mais ce n'est pas tout. La cavalerie possède, spécialement pour elle, un service de télégraphie légère qui a pour but de permettre à cette arme l'utilisation des divers moyens de correspondance rapide, tels que télégraphes électriques et optiques, téléphones, signaux, etc. A cet effet, un certain nombre de cavaliers, dans chaque régiment, sont initiés à la connaissance et à la pratique des différents procédés et sont pourvus d'un matériel et d'un outillage légers. Leur rôle consiste, en campagne, à utiliser toute les ressources qui se rencontrent dans le rayon d'action de la cavalerie, en réparant les lignes endommagées et en y suppléant, au besoin, par les lignes optiques qu'il est facile d'établir. Ces cavaliers peuvent être également chargés de la destruction et la mise hors de service des lignes et bureaux de l'ennemi.

Matériel. — Le matériel de la télégraphie militaire comprend le matériel *roulant*, qui s'applique aux voitures de différents types servant au transport; le *matériel de ligne*, qui permet de construire en campagne des lignes volantes au fur et à mesure de la marche des troupes, et de réparer pour les utiliser les lignes fixes du pays traversé; et enfin le matériel *de poste* comprenant les divers appareils en usage et leurs accessoires. Afin de pouvoir établir partout des postes télégraphiques à l'abri du mauvais temps, on a construit des véhicules spéciaux auxquels on a donné le nom de *voitures-postes*, qui sont de véritables bureaux télégraphiques ambulants. Un fanion bleu et blanc pendant le jour et une lanterne en verres de même couleur pendant la nuit, permettent de les reconnaître de loin.

Appareils électriques. — Les appareils électriques en usage dans la télégraphie militaire sont l'appareil *Morse* de campagne, trop connu pour qu'il soit utile d'en donner la description, et le *parleur*, qui en est le diminutif.

Télégraphie optique. — Les lignes volantes posées sur les flancs des corps d'armée ou aux avant-postes sont susceptibles d'être détériorées par les colonnes en marche, détruites ou captées par l'ennemi. D'autre part, elles ne peuvent plus être utilisées dans le cas où l'ennemi se place entre deux points qu'il y aurait intérêt à relier, comme, par exemple, lorsqu'il s'agit d'établir une communication entre une ville assiégée et le dehors.

La télégraphie *optique* devient alors un utile auxiliaire de la télégraphie *électrique*, surtout après les perfectionnements récents qu'elle a subis.

C'est un ancien fonctionnaire de l'administration française, Leseurre, inspecteur des lignes télégraphiques, qui, frappé des difficultés qu'offrait l'installation des postes intermédiaires du télégraphe aérien dans le sud de l'Algérie, imagina vers 1855, un appareil capable de projeter au loin un faisceau de rayons solaires; un écran manœuvré en conséquence permettait d'envoyer à volonté des éclairs de durée variable, correspondant aux signaux de l'alphabet Morse. L'appareil avait reçu le nom d'*héliographe*.

Malgré le succès des essais faits en 1856, la mort de l'inventeur, survenue en 1864, et surtout le développement de la télégraphie électrique, firent oublier l'idée de Leseurre.

Pendant le siège de Paris, dit M. Max de Nansouty, la télégraphie sans fils préoccupa bien des cerveaux. On tenta, sans succès appréciables, de se servir de la terre et du cours de la Seine comme conducteurs électriques; peut-être est-ce là une solution

du problème pour l'avenir, mais on n'obtint alors rien de satis-
faisant (1).

Plus heureux furent ceux qui, comme M. Maurat, professeur
au lycée Saint-Louis, et M. le colonel Laussedat, directeur du
Conservatoire des arts et métiers (2), songèrent à parler à l'œil
au moyen d'un faisceau lumineux lancé et intercepté par inter-
valles.

Mentionnons également les tentatives analogues faites en 1870,
par un agent appartenant à l'administration des télégraphes,
M. Léard, qui réussit à établir une communication entre le 7ᵉ sec-
teur, situé à l'avenue d'Orléans et le fort de Montrouge. Quelques
années plus tard, le même agent fit de nouvelles et curieuses expériences de télégraphie optique à Alger. Il n'était plus nécessaire,
avec ce système, que les deux postes extrêmes fussent en vue l'un
de l'autre. L'appareil permettait, de projeter sur le ciel qui servait d'écran, des faisceaux de rayons produits par la lumière électrique et représentant les caractères de l'alphabet Morse. Bien
que les deux postes fussent séparés par une colline de plus de
400 mètres, toutes les dépêches furent lues et transmises sans
difficulté ni hésitation.

Il y a une douzaine d'années, M. le colonel du génie Mangin
eut l'idée de construire un appareil de télégraphie optique en

---

(1) MM. Bourbouze et Paul Desains, notamment, firent des essais sur la Seine
entre le pont Napoléon et Saint-Denis; ils se servaient d'un petit nombre de piles et d'un
galvanomètre, le téléphone était inconnu alors. M. d'Almeïda partit en ballon afin
d'essayer de faire communiquer ainsi Paris avec la province; la signature de l'armistice, survenue sur ces entrefaites, arrêta les expériences. Depuis lors, le professeur
Graham Bell a fait d'intéressants essais dans la même voie; mais la priorité appartient, sans contestation possible, aux savants français du siège de Paris.

(2) Il convient de signaler aussi les travaux exécutés par M. Lissajous (appareils
lunettes coupées) et ceux de M. Cornu (appareil à prisme), qui furent l'objet d'essais
et d'expériences pendant le siège de Paris.

Fig. 73. — Emploi en campagne de la télégraphie optique.

s'inspirant du sytème d'éclairage électrique destiné à projeter la lumière aux alentours des forteresses.

Fig. 74. — Projecteur Mangin.

A la suite de recherches persévérantes, M. le colonel Mangin a imaginé deux sortes d'appareils.

Ce sont les appareils *télescopiques* ou de forteresses et les appareils à *lentille* ou de campagne, qui, les uns et les autres, sont susceptibles d'être utilisés soit avec la lumière solaire, soit avec la lampe à pétrole. La portée de ces appareils est variable non seulement d'après leur différent calibre, mais encore suivant l'état de l'atmosphère et la pureté du ciel. En France, elle est, pour les appareils *télescopiques*, de 18 à 20 kilomètres avec l'éclairage au pétrole, et de 40 à 50 avec la lumière solaire; leur portée de nuit, avec la lampe au pétrole, va jusqu'à 80 et même 100 kilomètres. Quant aux appareils à *lentille*, d'une puissance moindre, ils ont une portée de jour variant, avec l'éclairage au pétrole, entre 10 et 15 kilomètres, et avec la lumière solaire entre 20 et 40 kilomètres. — La nuit, la visibilité de leurs signaux varie entre 20 et 60 kilomètres.

Dans l'un et l'autre système, les signaux sont obtenus au moyen d'un écran obturateur qui permet de produire des éclats de lumière plus ou moins prolongés analogues aux signaux du système Morse.

En Tunisie, dans le sud-oranais, au Tonkin, la télégraphie optique a été considérée souvent comme le facteur essentiel de la marche, de l'attaque et du combat. C'est grâce à elle que les garnisons étaient reliées et que les colonnes pouvaient combiner leurs mouvements.

Aujourd'hui, dans les départements d'Oran et de Constantine, ainsi qu'en Tunisie, toutes les lignes électriques se dirigeant vers le sud ont été doublées par des lignes optiques. Tous les postes militaires les plus avancés dans le sud sont reliés optiquement. Ces communications, qui atteignent parfois des distances de 110 à 120 kilomètres, constituent un véritable réseau dans des régions désertes où l'installation et la surveillance des lignes électriques seraient absolument impossibles.

Les Anglais ont fait un grand usage de la télégraphie optique aux Indes, dans la guerre du Cap, dans l'Afghanistan et sur-

tout en Égypte. Dans cette dernière campagne, le service télégraphique militaire anglais accomplit un tour de force sans précédent
en posant un câble au-dessus de la première cataracte du Nil.

D'autre part, les Russes l'ont utilisée dans leurs opérations en

Fig. 75. — Appareil téléphonique usité en campagne.

Asie centrale et en Turquie. Les détachements qui accompagnaient
leurs reconnaissances leur ont permis de communiquer jusqu'à
25 kilomètres environ.

Enfin, les Allemands, les Autrichiens, les Belges s'attachent à perfectionner ce mode de communication, qui présente des avantages considérables sur la télégraphie électrique.

Téléphonie. — La téléphonie est certainement appelée à jouer un rôle des plus importants dans les guerres futures, et nous ne partageons pas, à cet égard, l'opinion d'un journaliste allemand qui, en parlant de l'introduction du microphone dans la télégraphie militaire française, considérait les expériences faites comme un amusement frivole.

Ce merveilleux instrument, qui rend de si grands services dans la vie civile, pourra, au contraire, être utilement employé dans un grand nombre de circonstances, notamment pendant les reconnaissances de cavalerie, pour la défense des places fortes, pour la transmission des ordres du commandant aux différentes batteries, pour l'échange des communications directes, soit entre les officiers généraux, soit entre les corps d'armée et les ballons captifs chargés d'observer les positions de l'ennemi, etc.

Du reste, le succès des expériences déjà faites ne peut que nous engager à persévérer dans cette voie.

Signaleurs, aérostats, pigeons voyageurs, vélocipédistes. — Si, à ces divers procédés, nous ajoutons le service des *signaleurs* aux avant-postes, les aérostats, les pigeons voyageurs, les vélocipédistes militaires, les chiens de guerre, on voit que l'armée française dispose des moyens d'information les plus variés, qui sont de nature à nous donner pleine confiance pour l'avenir.

FIN

TABLE DES GRAVURES.

Pages.

Tour de l'Hôtel de l'administration des Télégraphes, à Paris......... Frontispice.

Fig. 1. — Signaux en Grèce............ 3

Fig. 2. — Système télégraphique d'Énée.................................. 9

Fig. 3. — Système télégraphique de Polybe.............................. 13

Fig. 4. — Poste télégraphique romain, d'après un bas-relief de la colonne Trajane................................. 17

Fig. 5. — Tour à signaux, d'après une peinture de Pompéi.............. 19

Fig. 6 — Poste d'observation des Gaulois (la hachée).................. 25

Fig. 7. — Tumulus et menhir de Krukini (Morbihan)..................... 31

Fig. 8. — Pile de Cinq-Mars (Indre-et-Loire)........................... 37

Fig. 9. — Tour du télégraphe à Narbonne................................ 39

Fig. 10. — Tour-Magne, à Nîmes...... 41

Fig. 11. — Remparts d'Aigues-Mortes, porte ouest et tour Constance........ 43

Fig. 12. — Tour de guet défendue par des chiens 45

Fig. 13. — Tour de guet de l'ancien château d'Angoulême.............. 49

Fig. 14. — Tour de Mir (Pyrénées-Orientales)........................... 51

Fig. 15. — Expérience télégraphique d'Amontons......................... 57

Fig. 16. — Expérience du système de télégraphie acoustique de Dom Gauthey................................... 63

Fig. 17. — Premières expériences du télégraphe Chappe, à Parcé......... 69

Fig. 18. — Première page du vocabulaire de Chappe...................... 71

Fig. 19. — Daunou.................... 77

Pages.

Fig. 20. — Expérience du télégraphe Chappe, devant les membres de la Convention........................... 81

Fig. 21. — Lekanal.................. 85

Fig. 22. — Construction d'un poste télégraphique en 1893 91

Fig. 23. — Claude Chappe........... 97

Fig. 24. — Poste télégraphique aérien devant Condé..................... 105

Fig. 25. — Barres.................. 113

Fig. 26. — Assassinat des plénipotentiaires français à Rastadt 119

Fig. 27. — Sceau employé pour les dépêches sous le Consulat........... 133

Fig. 28. — Allégorie placée en tête des dépêches sous le Consulat......... 135

Fig. 29. — Divers projets sur la descente en Angleterre................... 139

Fig. 30. — Face et revers de la pierre tombale de Chappe................. 135

Fig. 31. — Napoléon.................. 141

Fig. 32. — Fonctionnaires des télégraphes défendant leur poste contre l'ennemi, en 1814................... 147

Fig. 33. — Le maréchal Soult........ 153

Fig. 34. — Entrée de Napoléon à Lyon, le 10 mars 1815.................... 157

Fig. 35. — Retour de Napoléon à Paris, le 20 mars 1815................... 161

Fig. 36. — Les Prussiens empêchent les députés d'entrer au palais-Bourbon (1815)........................... 165

Fig. 37. — Allégorie placée en tête des dépêches en 1830................. 177

Fig. 38. — Télégraphe aérien sur l'église Saint-Pierre de Montmartre..... 183

Fig. 39. — Poste télégraphique français en Algérie...................... 193

Fig. 40. — Poste télégraphique aérien.. 201

Pages.

Fig. 41. — Ligne télégraphique le long
d'une voie de chemin de fer......... 209

Fig. 42. — Récepteur du télégraphe
Foy-Bréguet (vue extérieure)......... 213

Fig. 43. — Câble sous-marin de Douvres à Calais........................ 218

Fig. 44. — Dévidement du câble sous-
marin de Douvres à Calais.......... 219

Fig. 45. — Samuel Morse.............. 223

Fig. 46. — Récepteur du télégraphe
Morse.............................. 224

Fig. 47. — Alphabet Morse........... 225

Fig. 48. — M. Hughes............... 227

Fig. 49. — Appareil télégraphique imprimeur de Hughes................. 229

Fig. 50. — Pose du câble transatlantique par l'Agamemnon............. 231

Fig. 51. — Soudure des deux extrémités du câble transatlantique......... 223

Fig. 52. — Relèvement du câble transatlantique perdu en 1865............ 235

Fig. 53. — M. Baudot............... 249

Fig. 54. — Appareils multiples imprimeurs, système Baudot............. 251

Fig. 55. — Médaille du Congrès des
électriciens (1881)................. 257

Fig. 56. — Médaille de l'exposition internationale d'électricité (1881)...... 258

Fig. 57. — Grande salle des télégraphistes, au Poste central de Paris.. 265

Fig. 58. — Appareil automatique de
Wheatstone........................ 267

Pages.

Fig. 59. — Salle des piles du Poste
central de Paris 269

Fig. 60. — Installation des appareils des
tubes pneumatiques, au Poste central de Paris...................... 273

Fig. 61. — Facteurs des télégraphes.... 275

Fig. 62. — Audition téléphonique à
Boston, en 1876................... 283

Fig. 63. — Intérieur d'un bureau téléphonique.......................... 287

Fig. 64. — Appareil téléphonique système Ader 291

Fig. 65 — Pavillon du roi des Belges,
à Ostende, relié par le téléphone au
théâtre de la Monnaie, à Bruxelles... 293

Fig. 66. — Auditions téléphoniques de
l'Opéra, à l'Exposition d'électricité de
Paris (1881)...................... 297

Fig. 67. — Poste télégraphique à Kamiesch (Crimée)................... 301

Fig. 68. — Belle conduite d'un télégraphiste autrichien, à Magenta......... 313

Fig. 69. — Télégraphie militaire pendant la guerre de 1870-1871......... 321

Fig. 70. — Télégraphe militaire Trouvé. 325

Fig. 71-72. — Expériences de télégraphie
militaire...................... 330-331

Fig. 73. — Emploi en campagne de la
télégraphie optique................. 335

Fig. 74. — Projecteur Mangin......... 337

Fig. 75. — Appareil téléphonique usité
en campagne...................... 339

TABLE DES MATIÈRES.

Pages.

Préface.. VII

LA TÉLÉGRAPHIE DANS L'ANTIQUITE.

Les étendards et les signaux par le feu. — Égypte. — Inde. — Chine. — Perse. — Grèce. — Carthage. — Rome. — Byzance...................... 1

LA TÉLÉGRAPHIE EN FRANCE

DEPUIS LES TEMPS LES PLUS RECULÉS JUSQU'A L'INVENTION DE CLAUDE CHAPPE.

Signaux gaulois. — Tours à signaux gauloises et gallo-romaines. — Tours de guet des châteaux. — Recherches archéologiques de MM. du Cleuziou, Loiseleur, le commandant Ratheau, le commandant de Rochas, Benjamin Fillon, etc. — Les aiguilles sympathiques. — Galilée. — Richelieu accusé de sorcellerie. — Amontons. — Marcel. — L'abbé Barthélémy et la marquise du Deffant. — Dupuis. — Linguet. — Dom Gauthey. — De Courrejolles. — Les signaux en Angleterre et en Allemagne...................... 23

LA TÉLÉGRAPHIE AÉRIENNE.

Assemblée législative.

Claude Chappe, inventeur du télégraphe aérien. — Ses premières recherches. — Pétitions à l'Assemblée législative. — Tribulations de l'inventeur....... 67

Convention nationale.

Pages.

Rapport de Romme à la Convention nationale. — Succès des premières expériences officielles. — Rapport de Lakanal. — Adoption du télégraphe Chappe par la Convention. — Établissement de la première ligne télégraphique de Paris à Lille. — Lenteur des travaux et correspondances y relatives. — Nouvelle de la reprise du Quesnoy sur les Autrichiens apportée par le télégraphe et annoncée par Barère à la Convention. — Reprise de Condé annoncée par Carnot. — La Convention décrète la construction de la ligne de Paris à Landau et le prolongement de la ligne du Nord jusqu'à Ostende et Bruxelles.. 75

Directoire exécutif.

Le Directoire ordonne l'établissement des lignes de Paris à Strasbourg, de Paris à Brest et de Paris à Lyon par Dijon. — Services rendus par la ligne de Strasbourg pendant la durée du congrès de Rastadt. — Correspondances télégraphiques échangées entre le Directoire et les plénipotentiaires français. — Dépêches officielles relatives à l'assassinat des plénipotentiaires..... 110

Consulat.

Dépêches concernant le coup d'État du 18 brumaire et la campagne de 1800. — Application de la télégraphie à la Loterie nationale..................... 122

Empire.

Recherches d'un système de télégraphie de nuit ordonnées par Napoléon en vue de la descente en Angleterre. — Terreurs anglaises, d'après les journaux du temps. — Achèvement de la ligne de Paris à Lyon. — Suicide de Claude Chappe. — Ignace et Pierre Chappe administrateurs. — La télégraphie prussienne au siège de Dantzig. — Visa des dépêches télégraphiques par l'archichancelier. — Insistances réitérées de Napoléon pour le prolongement jusqu'à Milan de la ligne de Lyon : lettres et dépêches y relatives. — Services rendus par la télégraphie pendant la campagne de 1809 contre l'Autriche. — Correspondance par pavillons entre Vienne et Paris. — Construction de la ligne de Mayence. — Belle conduite des télégraphistes pendant l'invasion... 128

Première Restauration.

État des communications télégraphiques sous la première Restauration...... 149

Les Cent-jours.

Débarquement de Napoléon au golfe Juan. — Rapport de police sur cet événement, publié par M. le comte d'Hérisson. — Texte des dépêches offi-

Pages.

cielles échangées à cette occasion entre le maréchal Soult, ministre de la guerre, et le général Brayer, commandant la division militaire de Lyon. —Illusions du comte Beugnot. — Dépêches officielles annonçant la rentrée de Napoléon à Paris. — Sollicitude de Carnot pour le service des télégraphes. — Situation navrante de la France après Waterloo, d'après les dépêches télégraphiques officielles. — Cruautés des Prussiens et des Bavarois. 151

Deuxième Restauration.

Modifications du réseau. — Le télégraphe pendant la Terreur blanche. — Ordre de rechercher et d'arrêter M. de la Valette, évadé de la Conciergerie. — Dépêche officielle annonçant la mort de Napoléon. — Retraite d'Ignace et de Pierre Chappe. — Le comte de Kerespertz, administrateur des lignes télégraphiques, ainsi que Chappe-Chaumont et Chappe des Arcis. — La télégraphie pendant la guerre d'Espagne.. 167

Charles X.

Communications entre le Gouvernement et le corps expéditionnaire devant Alger. — Concession d'une ligne télégraphique privée entre Paris et Rouen. — Télégraphe du contre-amiral de Saint-Haouen. — Rejet d'un projet de fusion des deux administrations des postes et des télégraphes présenté par le baron de Villeneuve, directeur général des postes......................... 175

Louis-Philippe.

Révolution de Juillet. — Troubles à Lyon. — Trait de courage de M. Morris, inspecteur à Lyon. — M. Marchal, député, commissaire du gouvernement près l'administration des télégraphes. — Retraite de Chappe-Chaumont et de Chappe des Arcis. — Nouvelle de la capitulation de Varsovie parvenue dix jours après à Paris. — M. Alphonse Foy, administrateur. — Réorganisation du réseau. — Services rendus par la télégraphie lors du complot de la duchesse de Berry et pendant sa captivité. — La télégraphie en Algérie. — Essais de télégraphie de nuit par M. Jules Guyot et par M. Morris. — Premières expériences de télégraphie électrique en Angleterre et en France.......... 179

République de 1848.

M. Flocon, administrateur en chef. — Son attachement pour la télégraphie aérienne... 198

Présidence de Louis-Napoléon Bonaparte.

M. Lemaistre, administrateur en chef des télégraphes. — M. Foy, administrateur. — Le système aérien et le système électrique fonctionnant concurrem-

Pages.

ment sur certains points. — Suppression du dernier poste télégraphique
aérien en 1856. — Description sommaire du système. — Les adieux du chansonnier Gustave Nadaud au télégraphe aérien........................... 199

LA TÉLÉGRAPHIE ÉLECTRIQUE.

Présidence de Louis-Napoléon Bonaparte. — Second Empire.

Progrès réalisés par la télégraphie électrique. — Rivalités entre la télégraphie
aérienne et la télégraphie électrique en France et en Allemagne. — Concessions accordées à des compagnies de chemins de fer. — M. Alphonse Foy,
administrateur. — Construction de nouvelles lignes. — Loi du 29 novembre 1850 sur la télégraphie privée : critiques d'un contemporain. —
Extensions successives du réseau. — Communications sous-marines entre
la France et l'Angleterre. — Essai d'établissement d'une ligne entre la
France et l'Algérie. — Améliorations réalisées par M. de Vougy, directeur
général. — Substitution de l'appareil Morse à l'appareil Foy-Bréguet. —
Loi du 12 juin 1854. — Administration de M. Alexandre, nommé directeur.
— M. de Vougy rappelé en qualité de directeur général. — Adoption de l'appareil imprimeur de M. Hughes. — Loi du 3 juillet 1861. — Réseau souterrain de Paris. — Câbles reliant la France avec l'Angleterre, l'Algérie et
la Corse. — Appareil autographique Caselli. — Conférence télégraphique
internationale de Paris. — Création du réseau pneumatique de Paris. —
Conférence de Vienne. — Appareil autographique Meyer. — Les câbles
transatlantiques. — Développement du service télégraphique pendant la
deuxième administration de M. de Vougy............................... 205

Troisième République.

Révolution du 4 septembre 1870. — M. Stenackers nommé directeur général
des lignes télégraphiques et envoyé en mission auprès de la délégation de
Tours... 239

Les télégraphes à Paris pendant la Commune............................ 239

*La télégraphie électrique en France depuis la guerre de 1870-
1871 jusqu'à nos jours.*

M. Pierret, directeur des lignes télégraphiques. — Convention de Rome. —
Câble de Calais à Fâno (Danemark). — Convention de Saint-Pétersbourg.

Pages.

— M. Cochery, sous-secrétaire d'État des finances, chargé des deux services des postes et des télégraphes. — Câbles entre la France et la Corse et entre la France et l'Algérie. — Progrès et développement du service télégraphique depuis l'année 1878. — La télégraphie à l'Exposition internationale de 1889. — Situation actuelle du service télégraphique. — Applications diverses de la télégraphie électrique : sa supériorité sur les autres systèmes. — Les méprises du télégraphe. — Le Poste central des télégraphes de Paris. — Le réseau pneumatique de Paris... 244

LA TÉLÉPHONIE EN FRANCE.

Son histoire, ses développements... 279

LA TÉLÉGRAPHIE MILITAIRE.

Utilité de la télégraphie militaire : son rôle pendant la guerre de Crimée. — Expédition de Kabylie. — Campagne d'Italie. — Belle conduite des télégraphistes français et autrichiens. — Bulletin de la bataille de Magenta par un télégraphiste autrichien. — Guerre de sécession aux États-Unis. — La télégraphie militaire en Prusse pendant les guerres contre le Danemark et contre l'Autriche. — Guerre de 1870-1871. — Rôle de la télégraphie militaire à Paris et en province. — Le câble entre Paris et Rouen. — Services rendus par les missions télégraphiques françaises. — Rôle de la télégraphie militaire allemande en France en 1870-1871............................... 298

La télégraphie militaire en France depuis la guerre de 1870-1871.

Organisation de la télégraphie militaire. — Matériel. — Appareils électriques. — Télégraphie optique. — Téléphonie. — Signaleurs, aérostats, pigeons voyageurs, vélocipédistes... 329

Table des gravures... 341

Original en couleur

NF Z 43-120-B